El futuro de la robótica

Tecnologías robóticas del siglo XXI

Impacto transformador y consideraciones éticas de la tecnología robótica

Alan Sparkbot

Contenido

Capítulo 1: El ascenso de la tecnología mecánica: un punto de vista verificable 6

    Desarrollo de tecnología mecánica desde la ficción al mundo real. 22

Capítulo 2: Los sistemas vitales de los robots: descubriendo sus partes y funciones 24

    Investigación de las actividades internas de la mecánica avanzada actual 44

Capítulo 3: Mecánica de alto nivel en la industria: cambiando el coleccionismo y la creación 46

    De los sistemas de construcción secuencial a las líneas de producción astutas 57

Capítulo 4: Robots en la atención médica: cambiando la medicación y el paciente 60

    Avances en tecnología mecánica cuidadosa y ayuda clínica 70

Capítulo 5: El trabajo de los robots en la investigación: impulsando la divulgación espacial y marítima 73

    De Mars Wanderers a remotos viajeros oceánicos 81

Capítulo 6: Mecánica avanzada e instrucción: formando el destino del aprendizaje 85

    Coordinación de la tecnología mecánica en el programa educativo STEM 104

Capítulo 7: Vehículos independientes: Hacia un futuro sin conductor 106

Navegando por las carreteras con vehículos impulsados por IA 120

Capítulo 8: Mecánica avanzada y agricultura: desarrollo de competencia y capacidad de soporte 122

Cultivo de Precisión y Transformación Rural 131

Capítulo 9: Robótica en la respuesta a desastres: mejora de la seguridad y las operaciones de rescate 133

Implementación de robots en situaciones de emergencia 141

Capítulo 10: La moral de la mecánica avanzada: tendiendo a las ramificaciones morales y sociales . 144

Equilibrando la innovación con la responsabilidad 156

Capítulo 11: Los efectos de los robots en el empleo y en la dinámica del empleo y de la fuerza laboral 158

Hacer ajustes al cambiante panorama laboral 164

Capítulo 12: Accesibilidad y robótica: Dar más poder a las personas con discapacidad 166

Mejora de la accesibilidad mediante la robótica de asistencia 173

De animatrónicos a artistas interactivos 184

Capítulo 14 Comprender las complejidades de las aplicaciones militares a través de la robótica y la guerra 186

    Analizando la contribución de la robótica a las estrategias de defensa 193

Capítulo 15: Del compañerismo a la convivencia: la dirección de la interacción hombre-robot en el futuro 195

    Análisis de la dinámica de las relaciones entre personas y robots 201

Capítulo 16: Tecnología mecánica y preservación ecológica: salvaguardar la naturaleza con arreglos innovadores 204

    Utilización de robots para actividades de conservación 212

Capítulo 17: Reconstrucción de comunidades después de desastres con innovaciones robóticas en la recuperación de desastres 214

    Utilizar la tecnología para reconstruir después de un desastre 221

Capítulo 18: Asistentes personales y robots: redefiniendo la vida diaria con compañeros de IA. 223

    Desde Cuidado Personal hasta Automatización del Hogar 230

Capítulo 19: Investigación y desarrollo en robótica: obstáculos y oportunidades 232

Navegando por la frontera de la innovación en robótica 238

Capítulo 20: El futuro de la robótica: predecir tendencias y diseñar el mundo del mañana 241

Visualizando la próxima era de la integración de la robótica 252

Capítulo 1: El ascenso de la tecnología mecánica: un punto de vista verificable

Las máquinas que copian ejercicios humanos o animales han cautivado a la humanidad desde hace bastante tiempo. Desde las increíbles máquinas de las leyendas griegas hasta las astutas representaciones de Leonardo da Vinci, el sueño de los robots ha sumergido nuestras personalidades inventivas. Esta parte se sumerge en los fundamentos genuinos de la innovación mecánica, siguiendo su avance desde sus inicios hasta las máquinas refinadas que dan forma a nuestra realidad actual.

- Los primeros sueños: del sueño a la parte Nuestra ventaja en materia de robots se remonta a viejos acontecimientos. Los sueños griegos examinaban a Talos, una bestia de bronce que salvaguardaba Creta, y a Hefesto, el maestro del fuego y la metalurgia, que fabricaba espléndidas máquinas. Estos registros, aunque fantásticos, sentaron las bases para la creación de máquinas preparadas para acontecimientos similares a los humanos. Avancemos rápidamente hasta el Renacimiento, cuando creadores como

Leonardo da Vinci revivieron estas consideraciones en el papel. Sus blocs de notas contienen representaciones punto por punto de caballeros mecánicos, figuras humanoides y, sorprendentemente, un camión autoincitado, que muestran una percepción fundamental de la mecánica y las normas de planificación. De todos modos, nunca creados, estos planos funcionan como una exhibición del pensamiento visionario de este período.

La época de las máquinas: maravillas de la planificación Las décadas diecisiete y dieciocho presenciaron una avalancha en el desarrollo de las máquinas. Estas máquinas confusas, habitualmente de tamaño natural, eran maravillas de la planificación, preparadas para realizar tareas complejas como organización, tocar música y, en cualquier caso, manipular alimentos (pero la última elección era, en gran parte de las veces, una gran astucia). Figuras destacadas como Jacques de Vaucanson, un pionero francés, movieron máquinas asombrosas, incluido un pato mecánico que podía comer y defecar (con una parte secreta previamente apilada) y una figura humana que tocaba la flauta. Estas maravillas de configuración controlaron el interés público y sentaron las bases para el avance de máquinas más complejas. El cambio de vanguardia: la presentación de la innovación mecánica práctica La agitación avanzada presentó otro momento para la innovación mecánica. Con el auge de las oficinas modernas y el enorme alcance de la fabricación, el requisito previo para que las máquinas robotizadas realizaran tareas aburridas se volvió dinámicamente evidente. Los robots actuales eran menos maravillosos que las máquinas del período anterior y se centraban en la comodidad en lugar de en una imitación alucinante. Uno de los primeros modelos es el telar a vapor diseñado por Jacquard en 1801.

Esta máquina utilizaba tarjetas perforadas para controlar el proceso de torsión, un logro básico en la mejora de las máquinas programables. A largo plazo, estos robots avanzados terminaron siendo cada vez más alucinantes, sentando las bases para la motorización que describe la fabricación actual.

Los cien años: hacia las máquinas afiladas El siglo XX presenció una sorprendente expansión en el campo de la innovación mecánica. La fabricación del semiconductor en 1947 redujo el tamaño de los dispositivos y planeó la creación de robots más sencillos y más versátiles.

Investigadores destacados como George Devol y Joseph Engelberger desarrollaron el principal robot actual con brazos programables durante la década de 1950. Esta mejora significó un punto de inflexión fundamental, ya que ahora los robots podrían usarse para desempeñar una mayor cantidad de tareas. La última mitad del siglo vio nuevos movimientos en la innovación mecánica, con el surgimiento de la programación y el pensamiento modernizado (conocimiento recreado). La posibilidad de que los robots realicen tareas, además de elegir y aclimatarse a su situación actual, comenzó a funcionar como se esperaba. Las estructuras de visión, los sensores y los innegables cálculos de control de niveles permitieron a los robots asociarse con el mundo de una manera realmente desconcertante. Un punto de vista obvio del desarrollo mecánico: el avance mecánico constante es la consecuencia de una costumbre rica y sostenible que va más allá de lo que muchos considerarían posible en el pasado. permanecer y extenderse en convicciones extremas más preestablecidas. Los siguientes son algunos logros críticos en esta costumbre: Remanente: Las antiguas fundaciones comunitarias tenían sus propios robots y artilugios mecánicos. Por ejemplo, los obsoletos griegos fabricaron autómatas complejos, la notable "Paloma de Arquitas" y "El especialista en mecánica" de La leyenda de Alejandría. Épocas pasadas: durante este período, los fabricantes continuaron examinando los dispositivos mecánicos. Al-Jazari, un ingeniero del siglo XIII, arregló diferentes autómatas, entre ellos una banda melódica y un pavo real mecánico. Renacimiento e iluminación: Leonardo da Vinci conceptualizó planes para robots humanoides, aunque rara vez se reunieron. Sus representaciones incluyeron contemplaciones de caballeros mecánicos y otras figuras definidas. Conmoción actual:

Los años XVIII y XIX vieron grados básicos de progreso en dispositivos e informatización. Los robots actuales surgieron, principalmente con el objetivo final de coleccionar. Siglo XX: El dicho "robot" fue escrito por el ensayista checo Karel Čapek en su obra "RUR" (Robots generales de Rossum). Durante el siglo XX, expertos como George Devol y Joseph Engelberger desarrollaron los robots actuales esenciales para sistemas de desarrollo consecutivos. Década de 1960: el campo de la innovación mecánica se amplió rápidamente. Investigadores como Joseph Weizenbaum examinaron el pensamiento creado por el hombre y el brazo robótico principal (Unimate) se presentó en una planta de manipulación de General Motors. Pasados los años 60: La mecánica de alto nivel siguió desarrollándose, con aplicaciones en exploración espacial, operaciones clínicas y presencia normal. Los robots sociales, como ASIMO y Pepper, entraron en escena. En las narrativas sobre la forma en que la humanidad organiza sus encuentros, hacer que animales falsos ayuden o dupliquen a las personas ha fascinado a los avances humanos durante un período seriamente prolongado. Desde las viejas leyendas de los autómatas hasta la última temporada de innovación mecánica de última generación, el viaje de la innovación mecánica es tanto una muestra de la creatividad humana como una impresión de nuestros objetivos y miedos. Las semillas de la mecánica de vanguardia se establecieron en las personalidades de viejos acontecimientos. Las historias de antiguas fábulas griegas, como la historia de Talos, una bestia robot de bronce que dependía de la vigilancia de la isla de Creta, despertaron el interés humano en crear vida falsa. Estas primeras historias sentaron las bases para la posibilidad de que existieran animales falsos que pudieran realizar tareas más allá de las capacidades de los individuos. En cualquier caso, fue poco después del inicio de la Conmoción Avanzada en los años XVIII y XIX cuando la posibilidad de la informatización mecánica comenzó a tomar una forma evidente. El desarrollo de sistemas confusos y sorprendentes de la suerte y la evolución de las primeras máquinas controladas por vapor establecieron la preparación para el mundo informatizado que vendría después. La propia máxima "robot" encuentra su origen en la palabra checa "robot", que significa trabajo obligatorio o servidumbre. Fue generado por el autor Karel Čapek en su obra de 1920 "RUR (Rossum's Broad Robots)", que representaba animales falsos hechos para servir a la humanidad resistiéndose de todos modos a sus productores. Este trabajo único defendió el dicho "robot" pero además introdujo temas de libertad, ética y los posibles resultados de fabricar máquinas astutas. A mediados del siglo XX se produjeron grados básicos de progreso en la mecánica de vanguardia, impulsados por los rápidos avances imaginativos y la carrera espacial. Fundaciones como Massachusetts Underpinning of Advancement (MIT) y afiliaciones como la NASA esperaban piezas urgentes para ampliar los límites de la investigación mecánica y la automatización.

Desde los robots actuales centrales presentados por George Devol y Joseph Engelberger durante la década de 1950 hasta los vagabundos lunares transmitidos durante las misiones Apolo, la mecánica de niveles innegables pasó del espacio de la ciencia ficción a la realidad mentalmente tranquila. A medida que se expandió el manejo de la fuerza y se hizo posible su reducción, el avance mecánico entró en otra época de naturaleza multifacética. El movimiento de chips, sensores y actuadores atrajo el diseño de robots diseñados para tareas increíbles y formas versátiles de abordar la actuación. Bounce avanza en la atención plena creada por el hombre, especialmente en los campos del conocimiento basado en PC y las afiliaciones mentales, ampliando aún más los límites de los robots, permitiéndoles ver, aprender y comunicarse con sus variables ecológicas de maneras poderosamente complejas. Hoy en día, el desarrollo mecánico inunda todos los aspectos de la vida actual, desde los asuntos sociales y las ventajas clínicas hasta el transporte y la diversión. Los robots agradables, o "cobots", trabajan cerca de las personas para cuidar las plantas, reduciendo su viabilidad y florecimiento. Los robots cuidadosos ayudan a los especialistas con precisión y astucia, trastornando las empresas. Los vehículos independientes prometen cambiar el transporte, haciendo las calles más seguras y útiles. De todos modos, a medida que la progresión mecánica continúa, también plantea tremendos problemas sobre la moral, el trabajo y el bienestar de la humanidad misma. El paso de los planes gratuitos se refiere a la despedida de las obras y a la inconsistencia relacionada con el dinero en efectivo, mientras que la oportunidad de notar las máquinas se irrita por cómo podríamos relajar la percepción y la responsabilidad moral. En esta parte, emprenderemos un viaje en el tiempo, mirando hacia las primeras fases, logros y resultados del creciente desarrollo mecánico. Desde las fantasías y leyendas de épocas pasadas hasta las formas más modernas de progreso del día del avance melódico, saltaremos hacia el rico sinuoso del cerebro creativo humano y el desarrollo que ha mostrado el universo del avance mecánico como De hecho, tenemos algo de información al respecto. Veremos cómo se ha logrado el avance mecánico en sus primeras fases razonables como participante de ideas en historias en un campo multidisciplinario que envuelve la coordinación, la programación y la investigación de la psique mental. Analizaremos los momentos clave y las figuras clave que han contribuido a la progresión del desarrollo mecánico, desde los primeros pioneros como Nikola Tesla y Alan Turing hasta los pioneros contemporáneos, por ejemplo, Rodney Streams e Hiroshi Ishiguro. Nuestra excursión nos llevará a través de la creatividad. logros que han representado el avance de la mecánica más moderna, desde la creación del robot programable por George Devol hasta la mejora de robots humanoides refinados como ASIMO y Sophia. Nos sumergiremos en los pasos agigantados de las convicciones causadas por el hombre que han permitido a los robots ver y relajar sus elementos naturales en general.desde sistemas de visión de PC que pueden ver cosas y apariencias hasta cálculos de supervisión del lenguaje normal que utilizan robots para procesar y responder al habla humana. A lo largo del camino, analizaremos las diferentes explicaciones detrás del movimiento mecánico en infinitas empresas y espacios. Examinaremos cómo los robots están cambiando las reuniones y los factores de creación, suavizando los procesos de creación y aumentando la capacidad de creación. Descubriremos cómo los robots están cambiando las ventajas clínicas, ayudando a los profesionales capacitados y a los acompañantes en los esfuerzos, la recuperación y las consideraciones de la tercera edad. Descubriremos cómo los robots están remodelando el transporte y la exploración, desde vehículos autónomos y robots hasta derivadores planetarios y sumergibles oceánicos lejanos. Pero nuestra evaluación sobre lo que sucederá con el movimiento mecánico no se limitará únicamente a mejoras creativas. En consecuencia, lucharemos con las consecuencias morales, sociales y filosóficas de un mundo poblado por máquinas afiladas. Contemplaremos las demandas de independencia y asociaciones, así como el posible efecto de la mecánica de primer nivel en el trabajo, la disimilitud y el bienestar humano. Además, consideraremos permanecer en nuestra realidad constante, donde las personas y los robots coinciden, se juntan y, tal vez, incluso estructuran vínculos monstruosos. A medida que nos adentramos más en las complejidades del movimiento mecánico, deberíamos enfrentarnos a las contemplaciones morales que acompañan la rápida mejora de este campo. Surgen preguntas sobre los resultados éticos de preparar máquinas con la sospecha de cursos gratuitos y las consecuencias inevitables comunes de tales actividades. El plan moral que consolida la mecánica avanzada integra cuestiones de éxito, logro y obligación, afectando las conversaciones sobre lo esencial para que las grandes normas funcionen con el giro de los acontecimientos y el envío de sistemas automatizados. Además, el efecto social de la tecnología de punta La mecánica no se puede conferir agradablemente. La combinación de robots en diferentes partes de presencia estándar puede cambiar los planes y estándares sociales, remodelando la forma en que vivimos, trabajamos y logramos logros. Si bien la robotización ofrece el compromiso de aumentar la racionalidad y la capacidad, también genera preocupaciones sobre la compensación laboral y las diferencias relacionadas con el dinero, incluida la importancia de abordar estas dificultades a través de medidas sistemáticas e iniciativas sociales. En línea con estas contemplaciones morales y sociales. , el campo de la mejora mecánica sigue ampliando las limitaciones del avance mecánico. Los especialistas y especialistas están investigando nuevos bosques en delicados movimientos mecánicos, diseño biomezclado y connivencia entre humanos y robots, con la esperanza de cultivar robots que sean más talentosos y más adaptables, fuertes y abiertos a las necesidades de los humanos. la predeterminación concebible de la mecánica más moderna conlleva tanto responsabilidad como probabilidad. Por un lado, el progreso mecánico puede potenciar los puntos finales humanos, trabajar en la satisfacción ordenada,y abordar la paliza teniendo en cuenta todo, desde pensamientos y necesidades clínicas hasta valores estándar y reacciones ante desastres. Por otra parte, la extensión extrema de las mejoras mecánicas podría alimentar atributos inconsistentes existentes, respaldar espectáculos socialmente desacreditados e incluso plantear peligros existenciales para la humanidad. Al evaluar este escenario radiante, debemos avanzar hacia la predeterminación de mecánicas de primer nivel con humildad, información. y corazonada. Cruzando la fuerza del progreso para el florecimiento de todos y siendo conscientes de las típicas expansiones de empatía, valor y fuerza, podemos garantizar que la obligación de utilizar mecánicas de última generación se encuentre en afinidades que beneficien a toda la humanidad. Salimos de esta excursión al destino imaginable de las mecánicas de primer nivel, abracemos las posibles entradas que nos esperan y, al mismo tiempo, veamos las dificultades que deben superarse. Juntos, podemos dar forma a un futuro en el que los robots y las personas encajen perfectamente, uniéndonos para crear un mundo impresionante y más próspero desde ahora hasta el futuro, interminable y sin cesar. En nuestra evaluación, abordamos lo que sucederá con las nuevas mecánicas. desarrollo, ver el potencial del trabajo con esfuerzo y asociación entre personas y máquinas es fundamental. En lugar de centrarnos en los robots como artilugios claros o sustitutos del trabajo humano, podemos imaginar un futuro en el que las personas y los robots complementen sus cualidades y puntos finales, orquestando sinérgicamente para gestionar situaciones complejas y lograr objetivos comunes. Un distrito donde este punto de vista coherente es especialmente El levantamiento está en el campo del desarrollo de la mecánica de asistencia. Los robots de asistencia pueden resucitar la satisfacción específica de las personas con indiscreciones o limitaciones relacionadas con la edad, ofreciendo ayuda con tareas típicas, portabilidad y correspondencia. Al recordar el progreso del pensamiento robotizado y los tipos de progreso de los sensores, los robots de asistencia pueden adaptarse a las necesidades y afinidades clave de sus clientes, asociándose con ellos para vivir de manera más directa y autónoma. De manera similar, en el espacio de las ventajas clínicas, los robots probablemente puedan ser tan fundamentales como accesorios a especialistas con formación clínica, fomentando sus habilidades y bienestar para encontrar alguna forma de orquestar resultados. Los robots cautelosos, por ejemplo, pueden ayudar a los especialistas con precisión y tendencia, reduciendo el riesgo de pifia humana y dibujando diseños irrelevantes que interfieren con tiempos de recuperación más rápidos. Los robots también pueden utilizarse en aplicaciones de telemedicina, reuniones de socios lejanos y atención a pacientes, especialmente en áreas remotas o desatendidas. Más allá de las ventajas clínicas, los robots están listos para cambiar afiliaciones que van desde la agroindustria y el desarrollo hasta el comercio minorista y la actitud amable. Durante la producción, los robots equipados con sensores de alto nivel y pruebas de datos recreadas también pueden participar en las cosechas en las que trabajan los pioneros, aumentando los rendimientos y restringiendo los efectos estándar.Una vez fabricados, los robots pueden ayudar en tareas como albañilería, soldadura y destrucción, extendiendo aún más la sensatez y prosperando en los lugares de trabajo. En el comercio minorista y la energía, los robots pueden restablecer el patrocinio de los clientes y facilitar los trabajos, desde pagos electrónicos y relaciones bursátiles hasta afiliaciones de habitaciones y asociaciones de acompañantes. Sin embargo, a medida que aceptamos los obstáculos que suponen las mecánicas más modernas para cambiar diferentes partes de la sociedad, debemos, en consecuencia, ser conscientes de los riesgos y ventajas que conlleva el desarrollo creativo. Las preocupaciones sobre la confirmación, la seguridad y el abuso normal de la progresión mecánica deben basarse en protecciones energéticas y planes administrativos. Además, se debe abordar el esfuerzo por aliviar el impacto de la robotización en puestos y trabajadores, garantizando que las soluciones universales de desarrollo mecánico sean lo suficientemente adecuadas en toda la sociedad. Teniendo en cuenta todo, el destino específico del desarrollo mecánico implica un compromiso titánico con respecto a impulsar el éxito humano y centrarse en los intentos razonables de destrucción de restringir nuestra realidad consistente. Al atraer iniciativas y conexiones entre personas y máquinas, podemos hacer frente a la fuerza excepcional de la mejora mecánica para crear un futuro más central, justo y sensato para todos. Al emprender este viaje hacia los débiles, hagámoslo con pensamiento positivo, una corteza frontal creativa y la obligación de ayudar a fusionar un mundo deslumbrante de ahora en adelante, continuamente.una corteza frontal innovadora y una obligación de ayudar a fusionar un mundo deslumbrante de ahora en adelante, continuamente.una corteza frontal innovadora y una obligación de ayudar a fusionar un mundo deslumbrante de ahora en adelante, continuamente.

Desarrollo de tecnología mecánica desde la ficción al mundo real.

Etapas Early Beginning: la automatización de tareas con máquinas se remonta a muchos años atrás. Los primeros fabricantes y expertos dispusieron artilugios mecánicos que se suponía que duplicarían los giros de los acontecimientos humanos.

Por ejemplo, las representaciones de Leonardo da Vinci de caballeros mecánicos y autómatas en el siglo XV son ejemplos tempranos de intentos de fabricar máquinas humanoides. En cualquier caso, no fue hasta el siglo XX cuando el ensayista checo Karel Čapek acuñó el término "robot" en su obra de 1920 "RUR" (Robots generales de Rossum). Estos robots eran criaturas falsas creadas para realizar trabajos para individuos, lo que despertó el interés del público en la idea. La sorpresa de vanguardia: el gigantesco salto adelante en la innovación mecánica se produjo durante el Cambio Avanzado. Ingenieros iniciadores como George Devol y Joseph Engelberger introdujeron los robots actuales durante la década de 1950. Estos primeros robots se utilizaron esencialmente en la recolección de plantas para realizar tareas excesivas y arriesgadas como soldar y pintar.

Sorprendentemente, el Unimate, fabricado por Devol y Engelberger, se presentó en una planta de fabricación de General Motors en 1961. Grados de progreso en la informatización: a medida que avanzaba el desarrollo, también avanzaban los límites de los robots. La metodología de los chips de computadora y los sistemas de control de PC durante las décadas de 1970 y 1980 pensó en giros de acontecimientos más avanzados y precisos. Los robots no solían limitarse a tareas prolongadas; podrían aclimatarse a condiciones cambiantes y realizar ejercicios complejos. El auge de los robots sociales (cobots): últimamente ha surgido otro tipo de robots: robots útiles o "cobots". A diferencia de sus predecesores, que la mayor parte del tiempo estuvieron retirados en lugares cercados por razones de prosperidad, se espera que los cobots trabajen cerca de las personas, trabajando en sus habilidades en lugar de desplazarlas. Este avance ha abierto más puertas a la motorización en organizaciones como la atención médica, los proyectos y la creación de alcance limitado. Innovación mecánica en beneficios clínicos: uno de los distritos más tranquilizadores para la innovación mecánica son los beneficios clínicos. Los robots cautelosos, similares al sistema cauteloso da Vinci, han cambiado de estrategia al ofrecer mayor precisión y reducir la prominencia. Además, los robots se utilizan para tareas como reconstruir tratamientos y viejos pensamientos y brindar asistencia y apoyo a los pacientes.

Capítulo 2: Los sistemas vitales de los robots: descubriendo sus partes y funciones

Los robots, esas maravillas del diseño y la mente creativa, se entregan con estructuras y piezas confusas que funcionan como una sola para representar una multitud de intentos. Comprender los planes actuales de los robots es identificar sus habilidades, objetivos y aplicaciones prácticas. En este segmento, dejaremos de lado las actividades internas de la mecánica avanzada actual, saltando de un lado a otro a las piezas y trabajos que hacen funcionar a los robots.

En la marca de la combinación de cada robot reside su nuevo desarrollo mecánico, o esqueleto, que da la estructura a sus empresas. El esqueleto se mueve, en general, dependiendo del tipo y la protección del robot, desde brazos reguladores transparentes utilizados en entornos actuales hasta cuerpos humanoides complejos diseñados para la coalición de apariencia humana.

Además, los materiales utilizados en la construcción del esqueleto pueden moverse, siendo los metales, plásticos y compuestos las opciones generalmente comunes. Montados en el paquete hay actuadores, los músculos del robot que se encargan del avance y el control. Los actuadores vienen en varios diseños, incluidos motores eléctricos, cámaras neumáticas y estructuras impulsadas por tensión, cada uno de los cuales se adapta a diferentes esfuerzos y condiciones. Los motores eléctricos, por ejemplo, se utilizan de manera confiable en uniones mecánicas y enfoques más lejanos pensando en su exactitud y controlabilidad, mientras que los actuadores neumáticos ganan en aplicaciones que requieren regiones fuertes y rápidas para los actuadores, los robots están equipados con sensores que evalúan sus variables típicas y su interior. estado. Lo más probable es que los sensores sean los ojos, los oídos y los receptores materiales del robot, que le permiten ver el mundo e interactuar con él. Los tipos habituales de sensores incluyen cámaras, escáneres LiDAR (Light District and Running), sensores locales y sensores de potencia/fuerza, cada uno de los cuales satisface una necesidad inteligente en el enorme conjunto de herramientas del robot.

La psique del robot, su estructura de control, procesa la información de los sensores y emite ventas a los actuadores, clasificando sus nuevos giros de eventos y formas de gestionar la actuación. Las estructuras de control pueden ir desde planes de ejercicios importantes y previamente modificados hasta estimaciones actuales y versátiles que aprenden y se ajustan a las condiciones de creación. Los avances en el discernimiento provocado por el hombre y la información imitada han impulsado el desarrollo de robots racionalmente rápidos y libres seleccionados para cursos complejos y resolución de problemas. Más allá de sus piezas originales, los robots no están limitados por la programación, el código de programación que guía su proceso de Manejo de actuación y manejabilidad. La programación tiene un efecto fundamental en la representación de las habilidades del robot, desde el control de mejora de la cabeza y la orientación hasta la agudeza y los cálculos dinámicos de última generación. Lenguas vernáculas de programación como C++, Python y MATLAB se utilizan de manera confiable en la mejora de la mecánica de vanguardia, lo que atrae a los diseñadores a coordinar, duplicar y transmitir sistemas robóticos con facilidad. Finalmente, los robots dependen una gran parte del tiempo de fuentes de energía como baterías, energía. unidades o fuentes de alimentación externas para funcionar.

La elección de la fuente de energía depende de partes como el tamaño del robot, los conceptos básicos de versatilidad y las evaluaciones de abundancia de energía. Los robots controlados por baterías ofrecen comodidad y adaptabilidad, mientras que los robots pueden obtener energía de concentraciones focales externas para una operación más amplia. Una vez terminado, los planes en curso de los robots unen una característica sustituta de piezas y funcionan de esa manera para aprovechar sus habilidades y formas. de actos de gestión. Desde el desarrollo mecánico y los actuadores hasta los sensores, las estructuras de control, la programación y las fuentes de energía, cada parte desempeña un papel fundamental en la inutilidad de la disposición y el corte del robot. Al comprender las tareas internas de los robots, obtenemos información sobre sus aplicaciones lógicas y los desafíos relacionados con su organización y envío al mundo certificado. Además, la coordinación y el esfuerzo de estas partes que cooperan es la clave del buen juicio de un robot en diversos esfuerzos. Y condiciones. Por ejemplo, en un ambiente de reunión, el desarrollo mecánico y los actuadores de un robot le permiten controlar objetos con precisión y velocidad, mientras que sus sensores evalúan para garantizar una coordinación y un control de calidad incuestionables. Mientras tanto, la estructura de control funciona con estos ejercicios, cambiando constantemente a cambios en la línea de creación o condiciones comunes. En circunstancias más notables, por ejemplo, evaluación al aire libre o respuesta a desastres, los robots dependen de una combinación de sensores y programación para mirar y hablar. con sus partes regulares enérgicamente. Los sensores LiDAR, por ejemplo, brindan límites de organización 3D, lo que permite a los robots ver obstáculos y planificar recorridos ideales a través de escenas complejas. Mientras tanto, las revisiones de datos copiadas atraen a los robots para que vean y se adapten a situaciones nuevas, basándose en experiencias pasadas para manejar su pantalla a lo largo del tiempo. Además, la mentalidad y la versatilidad de los sistemas motorizados consideran la personalización y la agrupación para transmitir características y elementos esenciales. Los robots pueden equiparse con efectores finales adecuados, como pinzas, copas de extracción o dispositivos, para realizar una gran cantidad de intentos, desde recoger y colocar objetos hasta soldar, pintar o, en cualquier caso, realizar actividades delicadas. Además, los planes retirados atraen la división de la distinción entre nuevos sensores, actuadores o módulos de programación a medida que avanza el progreso, lo que garantiza que los robots sigan siendo flexibles y actualizados. A medida que se siguen produciendo mejoras mecánicas, el esfuerzo interdisciplinario tiene un efecto masivo en la conducción. el campo. Ingenieros, analistas de PC, psiquiatras y expertos espaciales de diversos campos colaboran para fomentar respuestas inventivas a problemas complejos, inspirándose en la ciencia, la neurociencia y diversas disciplinas. Utilizando encuentros con la naturaleza y aprovechando el poder de la evaluación interdisciplinaria, los investigadores pueden crear robots que sean útiles y racionales, además de perfectos, versátiles y sostenibles. Al final, los diseños de flujo de los robots abordan una combinación de plan,ciencia y personajes creativos, que incitan a máquinas que pueden ampliar y gestionar los límites humanos en diversos entornos. Al comprender las partes y el funcionamiento de los robots de artículos de cuidado de belleza, obtenemos información sobre sus aplicaciones comunes y corrientes y puntos de corte, así como las dificultades y puertas de entrada que se avecinan. De cara al futuro, el destino seguro de las mecánicas de vanguardia encierra un potencial monstruoso para el giro adicional de los acontecimientos y la revelación. A medida que el progreso continúe, los robots terminarán integrándose intensamente en nuestros planes estándar, perturbando proyectos, afiliaciones y, sorprendentemente, nuestros esfuerzos conjuntos. Desde vehículos libres y robots de transporte hasta grandes asistentes mecanizados, las puertas para el avance mecánico están limitadas esencialmente por nuestro ingenio y carácter innovador. Un aspecto extraordinariamente convincente es el desarrollo de mecánicas sensibles y de nivel irrefutable, impulsadas por la biomecánica de los elementos vivos tradicionales. Los robots sensibles se transportan utilizando materiales versátiles que reflejan la flexibilidad y versatilidad de los tejidos estándar, considerando formas seguras y frágiles con personas y cosas delicadas. Los usos de la mejora mecánica frágil van desde artilugios clínicos y prótesis hasta exoesqueletos portátiles y pinzas complicadas para controlar objetos delicados. Otra ventaja en la investigación de la mejor mecánica de su clase es la evaluación de innumerables mecánicos de la mejor clase, persuadidos por las formas completas de gestionar la actuación de insectos sociales como insectos y abejorros. Los robots enjambre deberían participar en grandes reuniones para lograr tareas complejas que serían peligrosas o asombrosas para un robot solitario. Los casos de una gran cantidad de aplicaciones de avances mecánicos se unen a misiones de búsqueda y rescate, verificación de estándares y proyectos de mejora. Además, los avances en el pensamiento mecanizado y la conciencia creada por el hombre están involucrando a los robots para que aprendan y se ajusten a sus partes normales de manera transparente. Respaldar las evaluaciones de aprendizaje, sin lugar a dudas, otorgar robots para ayudar a nuevos puntos finales a través de prueba y error, refinando la longitud fundamental de sus clientes potenciales inspeccionados sus experiencias. Esta limitación abre más áreas para que los robots trabajen en entornos dinámicos y no estructurados, desde tareas familiares y asistencia individual hasta evaluación del espacio y pruebas reducidas. Sin embargo, a medida que los robots se organizan más en el ámbito público, es crucial abordar las evaluaciones morales, sociales y monetarias relacionadas con su envío. Las tensiones sobre la fuga de trabajo, el respaldo, la seguridad y las afinidades algorítmicas deben considerarse meticulosamente y abordarse mediante reglas estrictas, sencillez y obligación.así como las dificultades y entradas que se avecinan. De cara al futuro, el destino seguro de las mecánicas de vanguardia encierra un potencial monstruoso para el giro adicional de los acontecimientos y la revelación. A medida que el progreso continúe, los robots terminarán integrándose intensamente en nuestros planes estándar, perturbando proyectos, afiliaciones y, sorprendentemente, nuestros esfuerzos conjuntos. Desde vehículos libres y robots de transporte hasta grandes asistentes mecanizados, las puertas para el avance mecánico están limitadas esencialmente por nuestro carácter innovador y nuestro ingenio. Un aspecto extraordinariamente convincente es el desarrollo de mecánicas sensibles y de nivel irrefutable, impulsadas por la biomecánica de los elementos vivos tradicionales. Los robots sensibles se transportan utilizando materiales versátiles que reflejan la flexibilidad y versatilidad de los tejidos estándar, considerando formas seguras y frágiles con personas y cosas delicadas. Los usos de la mejora mecánica frágil van desde artilugios clínicos y prótesis hasta exoesqueletos portátiles y pinzas complicadas para controlar objetos delicados. Otra ventaja en la investigación de la mejor mecánica de su clase es la evaluación de un sinfín de mecánicas de primera clase, persuadidas por las formas totales de gestionar la actuación de insectos sociales como insectos y abejorros. Los robots enjambre deberían participar en grandes reuniones para lograr tareas complejas que serían peligrosas o asombrosas para un robot solitario. Los casos de una gran cantidad de aplicaciones de avances mecánicos se unen a misiones de búsqueda y rescate, verificación de estándares y proyectos de mejora. Además, los avances en el pensamiento mecanizado y la conciencia creada por el hombre están involucrando a los robots para que aprendan y se ajusten a sus partes normales de manera transparente. Respaldar las evaluaciones de aprendizaje, sin lugar a dudas, otorgar robots para ayudar a nuevos puntos finales a través de prueba y error, refinando la longitud fundamental de sus clientes potenciales inspeccionados sus experiencias. Esta limitación abre más áreas para que los robots trabajen en entornos dinámicos y no estructurados, desde tareas familiares y asistencia individual hasta evaluación del espacio y pruebas reducidas. Sin embargo, a medida que los robots se organizan más en el ámbito público, es crucial abordar las evaluaciones morales, sociales y monetarias relacionadas con su envío. Las tensiones sobre la fuga de trabajo, el respaldo, la seguridad y las afinidades algorítmicas deben considerarse meticulosamente y abordarse mediante reglas estrictas, sencillez y obligación.así como las dificultades y entradas que se avecinan. De cara al futuro, el destino seguro de las mecánicas de vanguardia encierra un potencial monstruoso para el giro adicional de los acontecimientos y la revelación. A medida que el progreso continúe, los robots terminarán integrándose intensamente en nuestros planes estándar, perturbando proyectos, afiliaciones y, sorprendentemente, nuestros esfuerzos conjuntos. Desde vehículos libres y robots de transporte hasta grandes asistentes mecanizados, las puertas para el avance mecánico están limitadas esencialmente por nuestro ingenio y carácter innovador. Un aspecto extraordinariamente convincente es el desarrollo de mecánicas sensibles y de nivel irrefutable, impulsadas por la biomecánica de los elementos vivos tradicionales. Los robots sensibles se transportan utilizando materiales versátiles que reflejan la flexibilidad y versatilidad de los tejidos estándar, considerando formas seguras y frágiles con personas y cosas delicadas. Los usos de la mejora mecánica frágil van desde artilugios clínicos y prótesis hasta exoesqueletos portátiles y pinzas complicadas para controlar objetos delicados. Otra ventaja en la investigación de la mejor mecánica de su clase es la evaluación de innumerables mecánicos de la mejor clase, persuadidos por las formas completas de gestionar la actuación de insectos sociales como insectos y abejorros. Los robots enjambre deberían participar en grandes reuniones para lograr tareas complejas que serían peligrosas o asombrosas para un robot solitario. Los casos de una gran cantidad de aplicaciones de avances mecánicos se unen a misiones de búsqueda y rescate, verificación de estándares y proyectos de mejora. Además, los avances en el pensamiento mecanizado y la conciencia creada por el hombre están involucrando a los robots para que aprendan y se ajusten a sus partes normales de manera transparente. Respaldar las evaluaciones de aprendizaje, sin lugar a dudas, otorgar robots para ayudar a nuevos puntos finales a través de prueba y error, refinando la longitud fundamental de sus clientes potenciales inspeccionando sus experiencias. Esta limitación abre más áreas para que los robots trabajen en entornos dinámicos y no estructurados, desde tareas familiares y asistencia individual hasta evaluación del espacio y pruebas reducidas. Sin embargo, a medida que los robots se organizan más en el ámbito público, es crucial abordar las evaluaciones morales, sociales y monetarias relacionadas con su envío. Las tensiones sobre la fuga de trabajo, el respaldo, la seguridad y las afinidades algorítmicas deben considerarse meticulosamente y abordarse mediante reglas estrictas, sencillez y obligación.Un aspecto extraordinariamente convincente es el desarrollo de una mecánica sensible y de niveles irrefutables, impulsada por la biomecánica de los elementos vivos tradicionales. Los robots sensibles se transportan utilizando materiales versátiles que reflejan la flexibilidad y versatilidad de los tejidos estándar, considerando formas seguras y frágiles con personas y cosas delicadas. Los usos de la mejora mecánica frágil van desde artilugios clínicos y prótesis hasta exoesqueletos portátiles y pinzas complicadas para controlar objetos delicados. Otra ventaja en la investigación de la mejor mecánica de su clase es la evaluación de un sinfín de mecánicas de primera clase, persuadidas por las formas totales de gestionar la actuación de insectos sociales como insectos y abejorros. Los robots enjambre deberían participar en grandes reuniones para lograr tareas complejas que serían peligrosas o asombrosas para un robot solitario. Los casos de una gran cantidad de aplicaciones de avances mecánicos se unen a misiones de búsqueda y rescate, verificación de estándares y proyectos de mejora. Además, los avances en el pensamiento mecanizado y la conciencia creada por el hombre están involucrando a los robots para que aprendan y se ajusten a sus partes normales de manera transparente. Respaldar las evaluaciones de aprendizaje, sin lugar a dudas, otorgar robots para ayudar a nuevos puntos finales a través de prueba y error, refinando la longitud fundamental de sus clientes potenciales inspeccionados sus experiencias. Esta limitación abre más áreas para que los robots trabajen en entornos dinámicos y no estructurados, desde tareas familiares y asistencia individual hasta evaluación del espacio y pruebas reducidas. Sin embargo, a medida que los robots se organizan más en el ámbito público, es crucial abordar las evaluaciones morales, sociales y monetarias relacionadas con su envío. Las tensiones sobre la fuga de trabajo, el respaldo, la seguridad y las afinidades algorítmicas deben considerarse meticulosamente y abordarse mediante reglas estrictas, sencillez y obligación.Un aspecto extraordinariamente convincente es el desarrollo de una mecánica sensible y de niveles irrefutables, impulsada por la biomecánica de los elementos vivos tradicionales. Los robots sensibles se transportan utilizando materiales versátiles que reflejan la flexibilidad y versatilidad de los tejidos estándar, considerando formas seguras y frágiles con personas y cosas delicadas. Los usos de la mejora mecánica frágil van desde artilugios clínicos y prótesis hasta exoesqueletos portátiles y pinzas complicadas para controlar objetos delicados. Otra ventaja en la investigación de la mejor mecánica de su clase es la evaluación de innumerables mecánicos de la mejor clase, persuadidos por las formas completas de gestionar la actuación de insectos sociales como insectos y abejorros. Los robots enjambre deberían participar en grandes reuniones para lograr tareas complejas que serían peligrosas o asombrosas para un robot solitario. Los casos de una gran cantidad de aplicaciones de avances mecánicos se unen a misiones de búsqueda y rescate, verificación de estándares y proyectos de mejora. Además, los avances en el pensamiento mecanizado y la conciencia creada por el hombre están involucrando a los robots para que aprendan y se ajusten a sus partes normales de manera transparente. Respaldar las evaluaciones de aprendizaje, sin lugar a dudas, otorgar robots para ayudar a nuevos puntos finales a través de prueba y error, refinando la longitud fundamental de sus clientes potenciales inspeccionados sus experiencias. Esta limitación abre más áreas para que los robots trabajen en entornos dinámicos y no estructurados, desde tareas familiares y asistencia individual hasta evaluación del espacio y pruebas reducidas. Sin embargo, a medida que los robots se organizan más en el ámbito público, es crucial abordar las evaluaciones morales, sociales y monetarias relacionadas con su envío. Las tensiones sobre la fuga de trabajo, el respaldo, la seguridad y las afinidades algorítmicas deben considerarse meticulosamente y abordarse mediante reglas estrictas, sencillez y obligación.Los avances en el pensamiento mecanizado y la conciencia creada por el hombre están haciendo que los robots aprendan y se ajusten a sus partes habituales de forma transparente. Respaldar las evaluaciones de aprendizaje, sin lugar a dudas, otorgar robots para ayudar a nuevos puntos finales a través de prueba y error, refinando la longitud fundamental de sus clientes potenciales inspeccionados sus experiencias. Esta limitación abre más áreas para que los robots trabajen en entornos dinámicos y no estructurados, desde tareas familiares y asistencia individual hasta evaluación del espacio y pruebas reducidas. Sin embargo, a medida que los robots se organizan más en el ámbito público, es crucial abordar las evaluaciones morales, sociales y monetarias relacionadas con su envío. Las tensiones sobre la fuga de trabajo, el respaldo, la seguridad y las afinidades algorítmicas deben considerarse meticulosamente y abordarse mediante reglas estrictas, sencillez y obligación.Los avances en el pensamiento mecanizado y la conciencia creada por el hombre están haciendo que los robots aprendan y se ajusten a sus partes habituales de forma transparente. Respaldar las evaluaciones de aprendizaje, sin lugar a dudas, otorgar robots para ayudar a nuevos puntos finales a través de prueba y error, refinando la longitud fundamental de sus clientes potenciales inspeccionados sus experiencias. Esta limitación abre más áreas para que los robots trabajen en entornos dinámicos y no estructurados, desde tareas familiares y asistencia individual hasta evaluación del espacio y pruebas reducidas. Sin embargo, a medida que los robots se organizan más en el ámbito público, es crucial abordar las evaluaciones morales, sociales y monetarias relacionadas con su envío. Las tensiones sobre la fuga de trabajo, el respaldo, la seguridad y las afinidades algorítmicas deben considerarse meticulosamente y abordarse mediante reglas estrictas, sencillez y obligación.

Además, los intentos de permitir la integración y el pensamiento en el trabajo creativo de mejora mecánica tienen como objetivo garantizar que los desarrollos razonables de la progresión mecánica estén razonablemente dispersos en todas las afiliaciones. En última instancia, el posible destino de las obligaciones de mejora mecánica será tanto el avance como la prueba, a medida que continuamos fomentando las necesidades de lo que es posible con máquinas inteligentes. Al realizar esfuerzos interdisciplinarios, abrazar las reuniones y el pensamiento, y centrarnos en el giro moral y cuidadoso de los acontecimientos, podemos aprovechar el asombroso poder del desarrollo mecánico para garantizar, en un nivel extremadamente esencial, un futuro verdaderamente cautivador y razonable para todos. Al emprender este viaje hacia el futuro, sigamos centrados en nuestras características y necesidades, esforzándonos por hacer realidad una realidad en la que los robots y los individuos puedan ganar como uno solo. A pesar de los avances mecánicos, el destino específico de la mecánica de vanguardia quedará correspondientemente ilustrado por maravillosos puntos de vista y datos sociales. A medida que los robots se vuelven más comunes en nuestros planes más comunes, es fundamental contar con una historia positiva y cautelosa sobre su trabajo y sus posibles obligaciones. Este curso no se trata sólo de la presencia de todos, sino de los objetivos y objetivos de los robots en cualquier caso, así como de generar simpatía, comprensión y esfuerzo conjunto entre personas y máquinas. Además, la combinación de robots en el ámbito público requerirá exámenes rápidos de planes épicos y significativos para garantizar la realización, la seguridad y el uso moral de nuevos giros mecánicos de los acontecimientos. Los formuladores de políticas y los adornos deben intentar conectarse con opciones y decisiones que aborden los inconvenientes emergentes y los cursos en mecánica de alto nivel, desde la seguridad de la información y el crecimiento moderado hasta el riesgo y la obligación de seguir reconociendo que debería surgir un evento de catástrofes o influencias.

Mientras tanto, intentar democratizar el consentimiento para el progreso y la estructura de las mecánicas de niveles incuestionables es fundamental para generar un nuevo desarrollo más y ayudar a las personas y las relaciones a participar en la inutilidad de la predeterminación de las mecánicas de niveles evidentes. Los motores, por ejemplo, los elementos de código abierto y las etapas de programación, los espacios de creación y la mejora mecánica brindan caminos para el esfuerzo y la adquisición conjuntos, atrayendo diferentes voces y puntos de vista para agregar a la progresión de mecánicas de nivel obvias. Del mismo modo, a medida que los robots se vinculan a la cultura humana, es enorme observar las repercusiones morales y filosóficas de las experiencias entre humanos y robots. Las demandas relativas a la independencia, la asociación y la posibilidad de recibir cuidados se convertirán en gigantes a medida que los robots se vuelvan más refinados y libres. Es convincente avanzar hacia estos planes con humildad, empatía y control de valores como la consideración, la congruencia y la bondad. Por fin, el destino ineludible de la mejora mecánica conlleva un compromiso titánico de impulsar a las personas al éxito y establecer nuevas formas de progreso y sencillez. Al aceptar la obstrucción de la mejora mecánica y al mismo tiempo centrarnos en las cargas morales, sociales y sociales que conlleva su división dividida ante el ojo público, podemos crear un futuro en el que los robots y las personas estén de acuerdo encantadoramente, compartiendo para hacer un mundo inigualable de ahora en adelante. el futuro previsible, sin fin, sin fin, sin cesar. A medida que avanzamos en esta aventura hacia lo delicado, sigamos centrados en nuestras cualidades y fundamentos, tratando de crear un futuro en el que la mejora sirva a los objetivos y necesidades más importantes de la humanidad.

Investigación de las actividades internas de la mecánica avanzada actual

Avances tardíos en mecánica aplicada: Los procedimientos del Taller Virtual de Mecánica Aplicada (VSAM 2021) brindan importantes conocimientos sobre progresiones mecánicas en mecánica fuerte, mecánica de líquidos y diseño biomédico.

A esta reunión se sumaron destacados especialistas de todo el mundo, que abarcaron temas como, por ejemplo, exámenes matemáticos sobre la generación de ondas de oveja no directas a través de superficies delaminadas en estructuras de placas compuestas endurecidas. La transmisión de datos de excitación se basa en recolectores de energía en voladizo. Modelos de campo de etapas aplicados a fisuras en sólidos. La reproducción se concentra en la proliferación del potencial de actividad en el tejido epicárdico debido a cambios de calidad. Evaluación de las condiciones límite de efusión en DNS de corrientes de moscas violentas. Impacto de la infusión fluídica en la longitud central de planos sónicos rectangulares. Diseminación de la tensión en placas muy largas con aberturas redondas. Ideas astutas de sensores para evaluaciones modulares de extensiones expuestas a excitaciones arbitrarias y de vehículos. Investigación balística de textura de polietileno de espesor subatómico súper alto unidireccional impregnada con líquido espesante por corte. Además, ¡mucho más! 2. Recreaciones subatómicas: si bien no están directamente relacionadas con la mecánica, las recreaciones subatómicas desempeñan un papel importante en la comprensión de las propiedades físicas compuestas de las estructuras de materia densa. Estas recreaciones consolidan técnicas matemáticas con la capacidad del PC para abordar conexiones entre partículas o átomos. Mecánica antigua: la mecánica clásica sirve como base para resolver problemas dinámicos complejos. Es fundamental para conocer los sistemas mecánicos, así como para comprender los aspectos prácticos de la mecánica cuántica y la ciencia física mensurable.

Capítulo 3: Mecánica de alto nivel en la industria: cambiando el coleccionismo y la creación

El espacio de reunión y creación ha experimentado un gran cambio con la combinación de la innovación mecánica con los ciclos actuales. Desde sistemas de desarrollo continuo de vehículos hasta plantas de fabricación de equipos, los robots han cambiado la forma en que se transporta el producto, desarrollando aún más la capacidad, la exactitud y la flexibilidad. En este segmento, examinaremos el impacto de la mecánica de vanguardia en la industria y cómo la robotización está cambiando el destino de la fabricación.

.En el centro de la mecánica de vanguardia en el negocio se encuentra la posibilidad de la automatización, el uso de máquinas para realizar tareas sin intervención humana sin importancia. Los robots actuales son máquinas explícitas diseñadas para ejecutar tareas serias y prolongadas con velocidad, precisión y coherencia. Equipados con sensores, actuadores y sistemas de control de última generación, estos robots pueden gestionar una amplia variedad de tareas de recolección, desde soldadura y pintura hasta embalaje y paletizado. Uno de los beneficios fundamentales de la innovación mecánica en la industria es la capacidad de reunir efectividad y rendimiento al mismo tiempo que se reducen los costos y la duración de los ciclos. Al utilizar tareas rutinarias, los robots pueden trabajar perpetuamente, durante todo el día, de manera consistente, sin el requisito previo de descansos o tiempo individual, lo que genera mejores resultados y una eficiencia más notable. Esto permite a los creadores satisfacer requisitos crecientes sin dejar de ser conscientes de los niveles elevados de valor y consistencia significativos de sus productos. Además, los robots involucran a los creadores para lograr niveles de exactitud y precisión que son molestos o desafiantes de lograr solo con el trabajo humano. Brazos robóticos de nivel innegable equipados con sensores de precisión y sistemas de visión pueden realizar tareas sociales complejas con una precisión submilimétrica, garantizando protecciones estrictas y limitando las imperfecciones. Esto es particularmente crítico en organizaciones como Flight, donde la precisión es esencial para la prosperidad y el desempeño. En el camino hacia el rediseño de la efectividad y la calidad, la innovación mecánica en el negocio ofrece además ventajas de flexibilidad y adaptabilidad. A diferencia de las condiciones de producción habituales, que en general son inflexibles e intrépidas, la automatización mecánica piensa en una reconfiguración y reevaluación rápidas para obligar a cambios en el plan del producto, el volumen de producción o los ingresos del mercado. Esta habilidad involucra a los fabricantes a responder rápidamente a los cambios en los componentes del área comercial y a las tendencias de los clientes, ganando terreno en el mercado. Además, la innovación mecánica en la industria tiene un impacto fundamental en la creación adicional de seguridad y ergonomía del clima laboral a través de la mecanización de esfuerzos arriesgados o de mención. Los robots pueden manejar pesos significativos, trabajar en temperaturas o condiciones excesivas y realizar tareas que presentan amenazas para los profesionales capacitados por humanos, como soldar o pintar. Al disminuir la receptividad de los trabajadores a condiciones peligrosas, los robots ayudan a crear entornos de trabajo mejores y más seguros, reduciendo el riesgo de desastres y lesiones. Sin embargo, la creciente acumulación de mecánicos de vanguardia en la industria también plantea problemas y desafíos asociados con los negocios. , arreglos e impactos relacionados con el dinero. Si bien los robots pueden mejorar a los profesionales capacitados por humanos y establecer nuevas puertas de entrada para situaciones profesionales en el mantenimiento mecánico, la programación y el tablero, también pueden eliminar tipos específicos de puestos poco talentosos o aburridos.los intentos de abordar estos problemas a través de la planificación de la fuerza laboral, iniciativas de recapacitación y metodologías que impulsen la creación de empleo y la mejora monetaria son importantes para garantizar que las ventajas de la innovación mecánica se compartan de manera justa en toda la sociedad. Al final, la innovación mecánica en la industria tiende a tener un impacto significativo en el contexto en la forma en que se elaboran las existencias, convirtiendo las plantas en sistemas de creación particularmente motorizados, capaces y versátiles. Al equipar el poder de la mecánica de vanguardia para aumentar la productividad, mejorar la calidad y fomentar aún más la prosperidad en el lugar de trabajo, los creadores pueden abrir nuevas puertas para la mejora y el progreso en la comunidad empresarial en general. Mientras continuamos investigando la capacidad de la innovación mecánica en el negocio, intentemos crear un futuro en el que la motorización sirva como catalizador para un cambio positivo, impulsando los logros, la razonabilidad y el bienestar humano relacionados con el dinero. A medida que se crea un campo de innovación mecánica en la industria, surgen tendencias y avances continuos que garantizan ciclos y límites de fabricación adicionales. Los robots amigables, o cobots, son uno de esos giros de los acontecimientos, y se espera que trabajen cerca de trabajadores humanos en espacios de trabajo compartidos. Estos robots están equipados con funciones de seguridad de última generación y áreas de comunicación estándar, lo que les permite colaborar con personas en actividades como eventos sociales, investigación y consideración de material. Los cobots ofrecen a los productores la flexibilidad de motorizar tareas complejas sin dejar de ser conscientes de la supervisión y la capacidad humanas, generando sistemas de creación más viables y adaptables. Otro diseño que da forma al posible destino de la innovación mecánica en el negocio es la unión del pensamiento creado por el hombre (basado en PC). conocimiento) y cálculos de inteligencia artificial en estructuras computarizadas. Los robots impulsados por inteligencia artificial pueden descomponer enormes volúmenes de información, reconocer ejemplos y tomar decisiones astutas continuamente. Esto les permite avanzar en los procesos de creación, anticipar las necesidades de soporte y adaptarse a las circunstancias cambiantes con mayor exactitud y productividad. Al abordar el poder de la inteligencia basada en computadora, los fabricantes pueden alcanzar nuevos niveles de eficiencia, calidad y desarrollo en sus operaciones. Además de los avances en la programación y los equipos de tecnología mecánica, la incorporación de avances avanzados como la Web de las cosas (IoT) y la computación distribuida está impulsando un mayor desarrollo en el ensamblaje. Estos avances permiten a los robots interactuar y comunicarse con diferentes máquinas, sensores y sistemas en el entorno creativo, lo que hace que los sistemas biológicos interconectados se conozcan como plantas brillantes. En líneas de producción inteligentes, los robots pueden intercambiar información, coordinar tareas y responder a críticas continuas sin problemas, lo que genera procesos de ensamblaje más ágiles y receptivos.La tecnología mecánica en la industria no se limita a las áreas de ensamblaje convencionales, sino que también se está adentrando en nuevos ámbitos, como la fabricación de sustancias añadidas, también llamada impresión 3D. Los robots de impresión 3D pueden realizar cálculos complejos y piezas personalizadas con alta precisión y productividad, cambiando la forma en que se planifican, crean prototipos y fabrican los artículos. Desde piezas de aviación hasta insertos clínicos, los robots de impresión 3D ofrecen a los fabricantes una flexibilidad e imaginación excepcionales en el desarrollo y la producción de artículos. A medida que la tecnología mecánica avanza y evoluciona, los límites entre los universos físico y computarizado se oscurecen progresivamente, lo que provoca oportunidades adicionales de avance y esfuerzo coordinado. Desde robots independientes y robots versátiles para estrategias y almacenamiento hasta estructuras mecánicas para fabricación personalizada y creación bajo pedido, el destino final de la mecánica avanzada en la industria tiene un potencial ilimitado para cambiar la forma en que configuramos, fabricamos y transportamos productos. La mecánica avanzada en la industria está remodelando el escenario del ensamblaje y la creación, capacitando a los productores para lograr nuevos grados de competencia, adaptabilidad y desarrollo. Al adoptar los últimos avances en innovación mecánica avanzada y utilizar la fuerza de la robotización, el razonamiento artificial y la disponibilidad computarizada, los fabricantes pueden crear sistemas de creación ágiles y receptivos que impulsen el crecimiento económico, la compatibilidad y la seriedad en el centro comercial global. Mientras seguimos investigando los resultados potenciales de la mecánica avanzada en la industria, centrémonos en equipar la innovación para apoyar a la humanidad, creando un futuro en el que los robots y las personas cooperen agradablemente para fabricar un mundo superior para todos. La combinación de la mecánica avanzada en la industria No se trata sólo de remodelar los procesos productivos, sino que también abre nuevas puertas para el desarrollo y la seriedad monetaria a escala mundial. Al adoptar la innovación en mecánica avanzada, los fabricantes pueden facilitar la creación, reducir los costos y mejorar aún más la calidad de los productos, lo que les permite mantenerse ágiles y receptivos en un centro comercial innegablemente competitivo. Por lo tanto, esto puede generar una porción más grande del pastel, bases de clientes ampliadas y una productividad más notable para las organizaciones que adoptan la automatización. Además, los mecanismos avanzados en la industria pueden impulsar el desarrollo y los proyectos comerciales al reducir los obstáculos a las secciones y empoderar a pequeñas y medianas empresas. medianas empresas (PYME) a competir con asociaciones más grandes. Con la accesibilidad de marcos automatizados razonables y abiertos, las nuevas empresas y los pioneros pueden promover nuevos productos, investigar anuncios especializados y perturbar las empresas tradicionales con acuerdos creativos. Esta democratización de la innovación en mecánica avanzada cultiva una cultura de desarrollo e imaginación,impulsando el desarrollo financiero y la creación de empleo en diferentes áreas de la economía. Además, las ventajas de la mecánica avanzada en la industria van más allá de las contemplaciones monetarias para envolver la mantenibilidad ecológica y la obligación social. Al racionalizar el uso de activos, limitar el desperdicio y disminuir la utilización de energía, los ciclos de ensamblaje potenciados por la tecnología mecánica pueden agregar economía e inocuidad al futuro del ecosistema. Además, al robotizar empresas inseguras o que realmente lo requieren, los robots ayudan a desarrollar aún más la seguridad del entorno laboral y reducen las heridas y dolencias relacionadas con el mundo, mejorando la prosperidad y la satisfacción personal de los trabajadores. Como planeamos, la capacidad de la mecánica avanzada en la industria para impulsar cosas positivas El cambio y el cambio no tienen límites. Desde acelerar la velocidad del avance mecánico hasta abrir nuevas puertas para el giro monetario de los acontecimientos y el avance social, la tecnología mecánica puede dar forma al mundo de maneras significativas y significativas. Al adoptar los avances más recientes en innovación mecánica avanzada y cultivar esfuerzos coordinados entre la industria, la comunidad académica y el gobierno, podemos aprovechar la máxima capacidad de la tecnología mecánica para crear un futuro superior, más próspero y práctico para todos. , la tecnología mecánica en la industria aborda un poder extraordinario que está reformando la forma en que se fabrican, difunden y consumen los productos. Al cargar la fuerza de la informatización, el razonamiento creado por el hombre y las redes avanzadas, los creadores pueden crear marcos de creación coordinados, efectivos y receptivos que impulsen el desarrollo monetario, el desarrollo y la sustentabilidad. Mientras seguimos investigando los posibles resultados de la tecnología mecánica en la industria, centrémonos en abordar la innovación para ayudar a la humanidad, creando un futuro en el que los robots y las personas cooperen amistosamente para construir un mundo superior durante mucho tiempo en el futuro. Al adoptar los avances más recientes en innovación mecánica avanzada y cultivar esfuerzos coordinados entre la industria, la comunidad académica y el gobierno, podemos aprovechar la máxima capacidad de la tecnología mecánica para crear un futuro superior, más próspero y práctico para todos. , la tecnología mecánica en la industria aborda un poder extraordinario que está reformando la forma en que se fabrican, difunden y consumen los productos. Al cargar la fuerza de la informatización, el razonamiento creado por el hombre y las redes avanzadas, los creadores pueden crear marcos de creación coordinados, efectivos y receptivos que impulsen el desarrollo monetario, el desarrollo y la sustentabilidad. Mientras seguimos investigando los posibles resultados de la tecnología mecánica en la industria, centrémonos en abordar la innovación para ayudar a la humanidad, creando un futuro en el que los robots y las personas cooperen amistosamente para construir un mundo superior durante mucho tiempo en el futuro.Al adoptar los avances más recientes en innovación mecánica avanzada y cultivar esfuerzos coordinados entre la industria, la comunidad académica y el gobierno, podemos aprovechar la máxima capacidad de la tecnología mecánica para crear un futuro superior, más próspero y práctico para todos. , la tecnología mecánica en la industria aborda un poder extraordinario que está reformando la forma en que se fabrican, difunden y consumen los productos. Al cargar la fuerza de la informatización, el razonamiento creado por el hombre y las redes avanzadas, los creadores pueden crear marcos de creación coordinados, efectivos y receptivos que impulsen el desarrollo monetario, el desarrollo y la sustentabilidad. Mientras seguimos investigando los posibles resultados de la tecnología mecánica en la industria, centrémonos en abordar la innovación para ayudar a la humanidad, creando un futuro en el que los robots y las personas cooperen amistosamente para construir un mundo superior durante mucho tiempo en el futuro.

De los sistemas de construcción secuencial a las líneas de producción astutas

Marcos de desarrollo moderado: tramos críticos de tiempos pasados. Los marcos de desarrollo moderado ajustaron el montaje durante el siglo XX. La presentación de Henry Part de la extraordinaria estructura de mejora para fabricar vehículos con capacidad en un nivel sorprendentemente clave afectó la capacidad y la sensibilidad a los costos. Al limitar los esfuerzos complejos a avances más genuinos y aburridos, la estructura de desarrollo en constante evolución del Departamento pensó en una creación más rápida y el plan de juego del vehículo Modelo inteligente. Avances de la informatización de las tertulias. Robotización (1800 a mediados de 1900): máquinas básicas como poleas e interruptores robotizaron trabajos intrigantes.

La estructura de desarrollo de formación confiable se convirtió en un indicio de esta etapa, atrayendo una enorme expansión, ensamblaje y disminución de costos. Niveles de robotización de progreso (década de 1970): los controladores inteligentes programables (PLC) y las máquinas de control numérico por computadora (CNC) trajeron precisión y flexibilidad. Los productores podrían robotizar procesos más complicados. Reunión increíble (lo más reciente): las plantas capaces coordinan los niveles de avance del establecimiento de modelos, como la mecánica de niveles enormes, el pensamiento creado por el hombre (pensamiento modernizado) y la captura de cosas (IoT). Estos planes interconectados extienden las condiciones de creación autónoma. El ensamblaje inteligente actualiza cadenas de valores enteras, desde el punto medio hasta el movimiento, mediante la evaluación de datos y la toma incesante de notas. Beneficios de la informatización en el partido. Capacidad ampliada: la robotización acelera la creación, reduciendo la puerta para incorporar stock. Reducción de costos: Limitar el trabajo perturbador y las pifias reduce los costos. Calidad Regulada: La robotización garantiza una calidad sólida al disminuir la inestabilidad. Seguridad rediseñada: menos esfuerzos manuales significan menos riesgos. Maravillosas plantas de regulación versus sistemas de creación mecánica estándar Entornos de trabajo actuales: utilice planes y elementos interconectados para transmitir datos de conducción. Conecte la creación de mejores opciones para los controladores, mostraron expertos y pioneros preparados. Coordine mecánicas de nivel obvio, nivel incuestionable, datos creados por el hombre e IoT. Basado en la interconectividad de estructuras y el intercambio de datos. Necesidad de reducir los rechazos, recortar costos y aumentar el límite de asistencia. Estructuras de creación mecánica estándar: Integra ciclos directos donde cada experto realiza tareas inequívocas. Esto puede provocar obstáculos y aplazamientos. Se quedan cortos en flexibilidad y versatilidad de maravillosas líneas de creación. End Sharp que supervisa las plantas aborda el punto culminante del giro de los acontecimientos, utilizando el desarrollo para reactivar las cadenas de producción y suministro. A medida que avanzamos, la coordinación confiable de los universos físicos y de ciertos niveles continuará dando forma al posible destino de las reuniones.

Capítulo 4: Robots en la atención médica: cambiando la medicación y el paciente

Últimamente, la tecnología mecánica ha surgido como una poderosa potencia en el campo de la atención médica, reformando la forma en que se realizan las operaciones y cómo se transmite la consideración al paciente. Desde robots cuidadosos que ayudan a los especialistas con precisión y destreza hasta estructuras mecánicas que brindan ayuda y respaldo a los pacientes, la combinación de tecnología mecánica en los servicios médicos ha generado avances críticos en los resultados del tratamiento, el bienestar del paciente y, en general, la naturaleza de la atención. En esta sección, investigaremos el efecto de los robots en la atención médica y el extraordinario trabajo que desempeñan al moldear el destino final de la medicina. En la primera línea de la tecnología mecánica en la atención médica se encuentran robots cuidadosos, que han cambiado el acto de un médico. procedimiento al ofrecer grados excepcionales de precisión, control y percepción. Estos sistemas mecánicos están equipados con tecnologías de imagen de última generación, como cámaras de alta calidad e imágenes 3D, que brindan a los especialistas una permeabilidad mejorada y una visión de la profundidad durante los sistemas.

Además, los brazos automatizados con diferentes niveles de oportunidad y aptitud permiten a los especialistas realizar movimientos complejos con mayor precisión y adaptabilidad que las técnicas cuidadosas habituales. Uno de los ejemplos más notables de mecánicas cuidadosamente avanzadas es el Marco Cuidadoso da Vinci, que se ha adoptado ampliamente. Continúe buscando sistemas insignificantemente intrusivos en reclamos de fama como urología, ginecología y procedimientos médicos en general. El sistema da Vinci se compone de brazos mecánicos controlados por una consola especializada, teniendo en cuenta movimientos precisos y control de tejidos sensibles con puntos de entrada insignificantes. Al limitar el daño a los tejidos y órganos circundantes, el procedimiento médico ayudado mecánicamente ofrece a los pacientes tiempos de recuperación más rápidos, menor dolor y resultados correctivos más desarrollados en comparación con la cirugía abierta tradicional. Además de la tecnología mecánica cuidadosa, los robots también están asumiendo un papel innegablemente importante en ayuda clínica y restauración. Por ejemplo, los exoesqueletos mecánicos se están utilizando para ayudar a los pacientes con impedancias de versatilidad, como heridas en la columna vertebral o accidentes cerebrovasculares, al ofrecer apoyo impulsado a sus apéndices inferiores. Estos exoesqueletos permiten a los pacientes ponerse de pie, caminar y realizar ejercicios de la vida diaria con mayor libertad y certeza, lo que genera mejoras en la capacidad real y la naturaleza de la vida. Además, se están incorporando robots en aplicaciones de telemedicina para brindar información remota. asesoramiento y observación a pacientes en regiones desatendidas o lejanas. Los robots de telepresencia equipados con cámaras y pantallas permiten a los proveedores de atención médica conectarse con los pacientes y realizar evaluaciones continuamente, superando obstrucciones geológicas y aumentando la entrada a las administraciones de atención médica. Esto es especialmente importante en redes rurales o durante crisis cuando la admisión a atención clínica puede ser limitada. Además, se están utilizando robots en una variedad de otros entornos de atención médica, incluidas farmacias, centros de investigación y centros de restauración, para mecanizar las tareas de rutina y desarrollar aún más la productividad. Los sistemas de administración de medicamentos robotizados garantizan una dosificación precisa y reducen el riesgo de errores de prescripción, mientras que los dispositivos de flebotomía automatizados suavizan los sistemas de recolección de sangre y limitan las molestias para los pacientes. Además, se están utilizando robots en tratamientos y recuperación no intrusivos para ofrecer actividades personalizadas y reuniones de tratamiento adaptadas a las necesidades individuales de los pacientes. Sin embargo, a medida que la innovación en mecánica avanzada continúa impulsándose, también plantea ramificaciones morales, administrativas y culturales que deberían ser atendido. Las preocupaciones sobre la comprensión del bienestar, la seguridad y el riesgo requieren una reflexión y una supervisión cautelosas para garantizar que los robots se transmitan de manera competente y moral. Además,Los esfuerzos por abordar las variaciones en la admisión a la innovación automatizada y las administraciones de servicios médicos son fundamentales para garantizar que todos los pacientes se beneficien de la capacidad de la mecánica avanzada para trabajar sobre los resultados clínicos y la naturaleza de la vida. Al final, los robots están cambiando el escenario de los servicios médicos. , ofreciendo nuevas puertas abiertas para el trabajo en operaciones, la consideración del paciente y en general los resultados de bienestar. Desde robots cuidadosos que potencian estrategias insignificantemente intrusivas hasta exoesqueletos automatizados que ayudan con la versatilidad y la restauración, la combinación de tecnología mecánica en los servicios médicos está abriendo nuevos espacios para el avance y la revelación. Mientras seguimos investigando la capacidad de los robots en la atención médica, sigamos guiados por nuestra obligación de impulsar la prosperidad humana y crear un futuro en el que la innovación satisfaga las necesidades tanto de los pacientes como de los proveedores de servicios médicos. Además, como el campo de la tecnología mecánica en Los servicios médicos siguen desarrollándose, surgen nuevos desarrollos y aplicaciones que garantizan cambiar aún más el acto de la medicación y la consideración del paciente. Una de esas áreas de avance es la utilización del razonamiento computarizado (inteligencia artificial) y cálculos de inteligencia artificial para mejorar las capacidades de los marcos automatizados. Los robots controlados por inteligencia artificial, que aportan una gran cantidad de información clínica, pueden ayudar a los médicos a diagnosticar enfermedades, organizar sistemas de tratamiento y anticipar los resultados de los pacientes con mayor precisión y eficiencia. Además, los avances en sensores y dispositivos portátiles están permitiendo el desarrollo de medicamentos personalizados y dispositivos remotos. Disposiciones para la observación del paciente. Por ejemplo, los robots equipados con biosensores y dispositivos de control fisiológico pueden seguir señales urgentes, identificar señales tempranas de alerta de enfermedades y proporcionar medicamentos o alarmas oportunas a pacientes y proveedores de atención médica. Esta verificación e información continuas potencian la administración proactiva de infecciones persistentes y disminuyen la necesidad de visitas periódicas a las clínicas de emergencia, lo que impulsa el trabajo sobre resultados tolerantes y fondos de reserva de costos para los sistemas de atención médica. Además, la mecánica avanzada está trastornando el campo de las imágenes y el diagnóstico clínicos, considerando reconocimiento más exacto y productivo de enfermedades e irregularidades. Los sistemas de imágenes automatizados, como los robots dirigidos por rayos X y los escáneres de ultrasonido mecánicos, permiten un enfoque y una percepción precisos de los diseños físicos, mejorando la precisión analítica y reduciendo la necesidad de métodos intrusivos. Además, los dispositivos de biopsia mecánica permiten a los médicos realizar pruebas de tejido con una precisión más notable y un riesgo insignificante para los pacientes, lo que genera determinaciones y planificación del tratamiento más precisas. Además, la tecnología mecánica está asumiendo un papel fundamental en la atención de las dificultades de atención médica básica, como la pandemia de coronavirus. ,potenciando el rápido desarrollo de los acontecimientos y la organización de pruebas demostrativas, terapéuticas e inmunizaciones. Se están utilizando robots en los laboratorios para mecanizar procesos de prueba de alto rendimiento, acelerando el descubrimiento de enfermedades virales y trabajando con esfuerzos de seguimiento de contactos. Además, se están instalando robots en las clínicas para desinfectar superficies, transportar medicamentos y ayudar con la atención del paciente, lo que reduce el riesgo de transmisión y alivia el peso del personal de atención médica. Sin embargo, a medida que los robots se coordinan cada vez más en los entornos de atención médica, es fundamental para abordar inquietudes relacionadas con la protección del paciente, la seguridad de la información y las consideraciones morales. Se deben establecer protecciones para garantizar que los datos de los pacientes estén protegidos y que los robots se utilicen de manera consciente y moral según las reglas y pautas clínicas establecidas. Además, son urgentes los esfuerzos para abordar las aberraciones en la admisión a la innovación mecánica y las administraciones de atención médica para garantizar la prestación justa de servicios médicos y desarrollar aún más los resultados de bienestar para todos los pacientes. Al final, la tecnología mecánica está lista para cambiar el acto de la medicación y el paciente. consideración de manera significativa y efectiva. Desde robots cuidadosos que potencian métodos ligeramente intrusivos hasta sistemas sintomáticos controlados por inteligencia basada en computadora y sistemas de control de comprensión distantes, la incorporación de la tecnología mecánica a los servicios médicos supone un enorme compromiso para trabajar en los resultados clínicos, reducir los costos de los servicios médicos y mejorar la calidad de vida. satisfacción personal de los pacientes. Mientras seguimos investigando la capacidad de los robots en la atención médica, centrémonos en abordar la innovación para ayudar a la humanidad, creando un futuro en el que todos se acerquen a administraciones de servicios médicos de primer nivel, misericordiosas y personalizadas. Además, a medida que los robots se organizan de manera confiable en marcos de beneficios clínicos, es vital centrarse en el esfuerzo conjunto interdisciplinario y el compromiso de decoración para garantizar que los dispositivos electrónicos aborden los problemas e ideas de los pacientes, los proveedores de pensamiento clínico y otros socios. Al establecer la relación entre ingenieros, médicos, profesionales capacitados, formuladores de políticas y pacientes, podemos co-hacer arreglos imaginativos que aborden las desconcertantes dificultades y entradas en el transporte de ventajas clínicas. Del mismo modo, los esfuerzos por impulsar la preparación y la organización en la nueva tecnología mecánica y el pensamiento clínico son épicos para establecer la nueva y sorprendente generación de pensamiento clínico organizada por especialistas y tecnólogos para establecer los mayores alcances del progreso automatizado. Al brindar puertas a una experiencia dinámica, un esfuerzo conjunto interdisciplinario y un aprendizaje confiable, podemos brindar a los expertos en ventajas clínicas la información y los criterios de valoración que necesitan para integrar el movimiento mecánico en su práctica clínica y ayudar aún más a los pacientes a idear resultados. Además, como planeamos,Es crucial proceder a invertir recursos en esfuerzos creativos para mover lo mejor de su clase en movimiento mecánico e ideas clínicas. Al apoyar proyectos de evaluación interdisciplinarios, iniciativas de desarrollo y afiliaciones público-privadas, podemos acelerar el ritmo del progreso y llevar impulsos increíblemente electrónicos del laboratorio al lugar de trabajo. Esto fusiona nuevas etapas motorizadas, evaluaciones y sensores que abordan las necesidades clínicas adquiridas y potencian la atención renovada y centrada en el paciente. Por fin, la mejora mecánica está lista para cambiar la forma en que se administran los medicamentos y las consideraciones de los pacientes, ofreciendo nuevos caminos para dirigir los resultados clínicos, rediseñando los encuentros con los pacientes y reduciendo los costos de los beneficios clínicos. Al aceptar la limitación de la mejora mecánica en el pensamiento clínico y trabajar de manera consistente en todas las disciplinas y regiones, podemos crear un futuro en el que todos se acerquen a afiliaciones con ventajas clínicas modificadas, inteligentes y de grado innegable. Mientras seguimos analizando los resultados habituales de los robots en el pensamiento clínico, sigamos guiados por nuestra obligación de impulsar a las personas a tener éxito y crear un futuro en el que la mejora satisfaga las necesidades de los pacientes y de los proveedores de beneficios clínicos por igual.

Avances en tecnología mecánica cuidadosa y ayuda clínica

Procedimientos médicos asistidos por robots: Los procedimientos médicos asistidos por robots han avanzado desde que se originaron a finales de la década de 1960. Los sistemas de protección automatizados actuales vienen equipados con brazos muy hábiles e instrumentos reducidos. Estos sistemas reducen los terremotos, potencian los movimientos frágiles y mejoran la precisión cuidadosa. La combinación de avances en imágenes y representación desarrolla aún más la precisión. Marco de crítica háptica: los robots cuidadosos integran actualmente un marco de entrada háptico.

- Esto permite a los especialistas examinar la consistencia del tejido durante los procedimientos sin contacto real, evitando heridas debido a la aplicación excesiva de fuerza. Teleoperación: los especialistas pueden superar los límites topográficos mediante la teleoperación. Esta innovación permite la transmisión de atención médica particular a distancia. Razonamiento computarizado (inteligencia basada en computadora) e IA (ML): la inteligencia basada en computadora y el ML desempeñan un papel fundamental en una dirección cuidadosa. Mejoran el reconocimiento de diseños físicos desconcertantes, lo que genera mejores resultados para los pacientes. Recuperación más rápida y menos confusiones: esta multitud de avances se suma a una recuperación persistente más rápida y menos complejidades posteriores al cuidado. Sin embargo, existen dificultades para sobrevivir: Costo: Los sistemas mecánicos son costosos de mantener y mantener.
- Tamaño: El tamaño de las estructuras mecánicas puede impedir determinadas configuraciones. Preparación especializada: una preparación legítima

es fundamental para el uso exitoso de robots cuidadosos. Independientemente de estas dificultades, el destino de los procedimientos médicos mecánicos parece alentador. Avances como la mecanización impulsada por inteligencia creada por el hombre, los nanorobots, los procedimientos médicos de corte diminuto, los sistemas telerobóticos semi-robotizados y el impacto de la red 5G en los procedimientos médicos remotos continúan impulsando el avance de los servicios médicos. Organizaciones como Natural Careful, Johnson and Johnson, Medtronic y Olympus son pioneras en este campo.

Capítulo 5: El trabajo de los robots en la investigación: impulsando la divulgación espacial y marítima

Los robots han percibido durante mucho tiempo un papel fundamental a la hora de discernir: podemos desentrañar el universo y descubrir los secretos de lugares aburridos, tanto en el planeta como sin investigación. Desde vehículos electrónicos que cruzan la superficie marciana hasta vehículos de navegación libre que exploran las profundidades del mar, el examen mecánico está aumentando las necesidades de información humana y remodelando nuestra visión del universo.

En esta parte, analizaremos los cambios en el control de los robots en la evaluación y las importantes oportunidades que tienen en el espacio y los océanos. A la vanguardia de la evaluación mecánica se encuentra el campo del desarrollo mecánico espacial, que engloba infinitas misiones y avances motorizados. que se espera que examinen los cuerpos divinos y comprueben el universo. Los extraviados computarizados, como los exploradores de Marte Soul, Opportunity y Premium de la NASA, han cambiado la forma en que podemos explorar el Planeta Rojo inspeccionando su superficie, generando evaluaciones realistas y elaborando modelos geográficos. Estos viajeros están equipados con un conjunto de instrumentos, incluidas cámaras, espectrómetros y taladros, que los invitan a observar la escena marciana y explorar en busca de indicios de vida pasada o presente. Además, los cohetes mecánicos como el Explorer de la NASA Las pruebas y los extravíos de Marte han pasado por nuestro planeta, proporcionando importantes informaciones y datos a los niveles externos del universo.

Estos eventos sociales mecánicos espaciales están equipados con sensores e instrumentos que les permiten concentrarse en planetas distantes, lunas y extraordinarios fenómenos, descubriendo un discernimiento de la configuración y el desarrollo de nuestro grupo planetario y el universo más fundamental. Además, los telescopios mecánicos y los observatorios, como el Telescopio Espacial Hubble y el Telescopio Espacial James Webb, siguen aportando conocimientos: podríamos desentrañar el universo encontrando imágenes impactantes y recopilando información de estructuras lejanas y fenómenos importantes. Además de la evaluación espacial, los robots desempeñan un papel importante en la evaluación de los océanos, colaborando con expertos para estudiar y guiar las colosales y perdonadas profundidades del mar, por regla general, la base. Los vehículos desmontados libres (AUV) y los vehículos teledirigidos (ROV) equipados con cámaras, sonar y otros sensores están listos para descender a profundidades de miles de metros, recopilando información estándar fundamental y simbolismo de escenas desmontadas y planos generales. Estos robots atraen a expertos para que se concentren en respiraderos oceánicos lejanos, arrecifes de coral y vida marina, proporcionando datos clave sobre la interconexión de los mares de la Tierra y el efecto de los ejercicios humanos en los ecosistemas marinos. en condiciones locas, por ejemplo, la región polar y los canales oceánicos distantes para trabajar con una evaluación sensata y detectar cambios típicos. Los robots que entran en el hielo, como el Rompehielos de la NASA, se utilizan para concentrarse en los fragmentos de las capas de hielo polares y detectar cambios en el nivel del océano y el medio ambiente. Además, los ROV oceánicos lejanos equipados con brazos de control e instrumentos visuales atraen a expertos para ensamblar elementos esenciales del avance, las rocas y la vida marina de las profundidades marinas, lo que contribuye a la forma en que podemos desentrañar la historia espacial y la biodiversidad de la Tierra. Además, ciertos niveles de mecánica El desarrollo está impulsando la mejora de las reacciones creativas para investigar y colonizar otros cuerpos impresionantes, como la Luna y Marte. Se están creando módulos de aterrizaje automatizados y escenarios equipados con una presencia de afiliaciones muy importantes e impulsos de uso de activos para apoyar las misiones de evaluación humana a estos universos lejanos. Además, se está considerando el uso de robots y vagabundos libres en el desarrollo de piezas típicas lunares y marcianas, así como en la prospección y extracción de recursos esenciales como agua y minerales. Sin embargo, a medida que avanzamos en el espacio e investigamos las profundidades del mar, es fundamental pensar en las consecuencias morales, normales y legítimas retrasadas de la evaluación robotizada. Los intentos de salvar y vigilar los cuerpos alucinantes y los planes tradicionales de vida marina contra la degradación y la asombro requieren un proceso cauteloso y la coordinación entre los miembros en general. Además,Las preocupaciones sobre el desperdicio espacial y la contaminación deben abordarse para garantizar la realidad de los ejercicios de inspección espacial y evitar el riesgo de contacto con cohetes y satélites serviciales. En la certificación, los robots están anticipando una parte esencial de la visión para que podamos traducir el universo y fomentar Los bosques de la valoración humana. Desde el análisis de planetas lejanos y cuerpos de dinamita hasta la organización de las profundidades de los océanos, el examen mecánico está relacionado con las aperturas fundamentales y la remodelación de cómo podemos traducir el universo. A medida que seguimos aumentando las limitaciones del examen mecánico, sigamos trabajando en nuestro ritmo más memorable, la corteza frontal imaginativa y la obligación de explorar los fragmentos de información débiles y poco conservados del universo. Además, a medida que el progreso sigue impactando, Los imperativos de los viajeros robotizados deberían ir más allá, sorprendiendo en áreas de fortaleza para obtener más y revelaciones tanto en el análisis espacial como en el oceánico. Por ejemplo, las futuras misiones espaciales podrían integrar la configuración de enormes tamaños de robots de alcance limitado para evaluar las superficies planetarias de manera impresionantemente más rápida, realizar pruebas y realizar evaluaciones directamente. Estos robots podrían compartir amablemente, pasar y determinar sus actividades para lograr objetivos exigentes con más capacidad que las misiones individuales. De manera similar, en la evaluación del océano, los tipos de progreso en el progreso mecánico de primer nivel están abriendo caminos adicionales para concentrarse en buenas condiciones. por ejemplo, respiraderos acuosos, canales oceánicos lejanos y mares cubiertos de hielo. Se podrían proporcionar AUV reducidos, equipados con sensores y dispositivos de desmantelamiento de última generación, en cantidades colosales para planificar y analizar estos controles remotos y realizar pruebas que aparezcan en los distritos, revelando información sobre la biodiversidad, la geografía y los estados naturales del enorme océano. , ciertos mecánicos de nivel están trabajando con asistencia general y participación en intentos de evaluación, con afiliaciones espaciales, establecimientos de investigación y afiliaciones restrictivas consolidando intentos de aunar activos y fortaleza para supervisar inconvenientes sólidos complejos. Por ejemplo, la Estación Espacial General (ISS) termina como una etapa para organizar preparativos y probar revisiones en un clima de microgravedad, con exploradores espaciales y planes mecánicos participando para instruir cómo podríamos traducir el desarrollo humano, la ciencia de los materiales y las tecnologías de evaluación espacial. De manera similar, campañas constantes como el Programa de Evaluación Nautilus de Sea Assessment Trust reúne a especialistas, diseñadores y profesores organizados de todo el mundo para investigar y permanecer en zonas aburridas de las profundidades del mar. Al utilizar avances robóticos como ROV y AUV, estos esfuerzos están descubriendo nuevas especies, sistemas terrestres y estructuras típicas, actualizando cómo podemos relajar el clima marino y su importancia para la vida en la Tierra.A medida que los límites de evaluación mecánica siguen mejorando, está ganando dinero el uso de robots para buscar signos de vida extraterrestre y condiciones climáticas sostenibles en otros planetas y lunas. Las misiones a lunas frías como Europa y Encelado, que podrían descubrir mares subterráneos bajo sus superficies heladas, podrían intensificar el envío de pruebas mecánicas para analizar estos universos lejanos y las salidas para comprobar la vida microbiana o las condiciones propicias para la vida tal como la conocemos. Lo sabemos. Sin embargo, a medida que nos alejamos de áreas de fortaleza para estas misiones, es fundamental abordar las repercusiones morales, garantizadas y sociales de la evaluación mecanizada. Las demandas relativas a la seguridad planetaria, el efecto normal y la distribución razonable de los activos deben considerarse cuidadosamente para garantizar que los ensayos de evaluación se realicen de forma continua y según los procedimientos y marcos generales. Además, los esfuerzos por atraer a la gente alrededor y dinamizar el debate sobre las ventajas y peligros de la evaluación mecánica son fundamentales para generar patrocinio y comprensión para futuros esfuerzos de evaluación. En la decisión, los robots están desempeñando un papel poco común en la prestación de atención que podríamos desentrañar. el universo y hacer crecer las áreas instigadas del examen humano. Desde explorar planetas lejanos y cuerpos extraños hasta organizar las profundidades de los fondos marinos, los peregrinos mecánicos están abriendo nuevas vías y remodelando la forma en que podemos desentrañar el universo. A medida que seguimos ampliando las limitaciones de la evaluación robotizada, sigamos moldeados por nuestra mente creativa de cinco estrellas y nuestra obligación de explorar a las personas aburridas y estimuladas en el futuro para esforzarnos en lo insondable.Desde explorar planetas lejanos y cuerpos extraños hasta organizar las profundidades de los fondos marinos, los peregrinos mecánicos están abriendo nuevas vías y remodelando la forma en que podemos desentrañar el universo. A medida que seguimos ampliando las limitaciones de la evaluación robotizada, sigamos moldeados por nuestra mente creativa de cinco estrellas y nuestra obligación de explorar a las personas aburridas y estimuladas en el futuro para esforzarnos en lo insondable.desde explorar planetas lejanos y cuerpos extraños hasta organizar las profundidades de los fondos marinos, los peregrinos mecánicos están abriendo nuevas vías y remodelando la forma en que podemos desentrañar el universo. A medida que seguimos ampliando las limitaciones de la evaluación robotizada, sigamos moldeados por nuestra mente creativa de cinco estrellas y nuestra obligación de explorar a las personas aburridas y estimuladas en el futuro para esforzarnos en lo insondable.

De Mars Wanderers a remotos viajeros oceánicos

Justo cuando escuchamos "extraviarse", nuestras mentes saltan continuamente a imágenes del análisis de Marte, donde vagabundos mecánicos como Steady Quality y Premium exploran la superficie del Planeta Rojo, desmantelando su geología en busca de signos de razonabilidad pasada. De todos modos, la Tierra también muestra sus extravíos, y ellos buscan un lugar salvaje alternativo: el inmenso océano. Uno de esos vagabundos memorables es el Benthic Wanderer II, fabricado por expertos de Monterey Delta Aquarium Assessment Connection (MBARI). A diferencia de sus socios marcianos, Benthic Vagabond II trabaja a 4.000 metros bajo la superficie del océano, en una nueva llanura crítica, superando la impresionante masa de 6.000 libras por cada pulgada cuadrada de presión. Deberíamos saltar al encantador universo de la evaluación del mar lejano y estudiar este confuso extravío. Benthic Drifter II: Investigación de la evaluación crítica del ciclo del carbono en la base marina: La misión clave de Benthic Stray II es acumular datos relacionados con el ciclo del carbono. Busca respuestas a preguntas como ¿Qué fuentes de carbono aparecen en las profundidades lejanas del mar? ¿Ese carbono regresa al medio ambiente en forma de dióxido de carbono (lo que podría contribuir a un cambio general de temperatura), o permanece secuestrado de forma segura en la mejora de los océanos? Al estudiar el uso de oxígeno por parte de los animales y microorganismos que se encuentran en la base después de un tiempo, el explorador ayuda a los científicos a comprender cómo se mueve el carbono desde la superficie hasta la base del mar. Entorno de prueba: El entorno marino lejano donde trabaja Benthic Wanderer II es más que tonto: Llanura crítica: una base marítima tumultuosa e ignorada a una profundidad de 4.000 metros. Temperaturas frías y mucha tensión: el caminante avanza a través de condiciones heladas y una presión enorme.

> Oscuridad: La luz del sol no entra en estas profundidades, por lo que el vagabundo depende de una iluminación falsa. Evaluación gratuita: Benthic Vagabond II trabaja sin inhibiciones, investigando la base marina, obteniendo fotografías y recopilando datos. Su cámara capta escalofriantes encuentros con peces enormes, por ejemplo, mirando a través de colas de rata (Coryphaenoides sp.). Contemplaciones para el cambio ecológico: comprender el ciclo del carbono en el mar distante tiene repercusiones más significativas para el cambio ordinario. Esperar que se libere dióxido de carbono de la base del mar podría contribuir al calentamiento general. Por otra parte, secuestrar carbono en el desarrollo de los océanos mitiga los impactos normales. Cargas organizativas: desviarse hacia el mar lejano incorpora sorprendentes

inconvenientes de orquestación: Materiales liberales: el vagabundo debe ir más allá de la presión loca y el agua salada desgarradora. Curso claro: el curso relativo de la escena, similar a lo que funcionó con el satélite de Marte, ayuda a Benthic Wanderer II a examinar verdaderamente. En resumen, mientras los vagabundos de Marte destruyen planetas distantes, Benthic Wanderer II salta a los misterios de nuestros colosales océanos. Sus datos contribuyen a la forma en que podemos desenrollar las piezas de carbono e iluminan nuestro método para gestionar y administrar la gestión normal.

Capítulo 6: Mecánica avanzada e instrucción: formando el destino del aprendizaje

Últimamente, la innovación mecánica ha surgido como un recurso necesario para evolucionar y prepararse, ofreciendo a los estudiantes de todas las edades la oportunidad de participar en experiencias de aprendizaje elaboradas que apoyan mentes creativas, pensamiento concluyente y habilidades de razonamiento decisivo. Desde escuelas primarias hasta universidades, los programas de mecánica de alto nivel están motivando a los estudiantes a explorar disciplinas de ciencia, desarrollo, planificación y matemáticas (STEM) de manera imaginativa y asociativa.

En esta parte, investigaremos la ocupación de la innovación mecánica en la preparación y su impacto en recortar el destino del aprendizaje. En el centro de la innovación mecánica, la tutoría es la perspectiva de progresar haciendo, donde los estudiantes participan con éxito en organizar, construir, y programar robots para afrontar dificultades genuinas. Al trabajar de manera útil en reuniones, los estudiantes adquieren enormes capacidades como la correspondencia, el esfuerzo conjunto y hacer recados en la pizarra, que son resultados importantes en la fuerza laboral del siglo XXI. Además, los proyectos de innovación mecánica apoyan la inventiva y la mejora, ya que se anima a los estudiantes a investigar varios caminos relacionados con diferentes planes y acuerdos para lograr sus objetivos. Una de las etapas más notables para la preparación de la innovación mecánica es LEGO Mindstorms, que equipa a los estudiantes con un sistema adaptable y sencillo. escenario para construir y programar robots utilizando bloques y sensores LEGO. Los paquetes LEGO Mindstorms combinan bloques programables, motores, sensores y dispositivos de programación que involucran a los estudiantes en la planificación y creación de robots que pueden realizar una enorme cantidad de tareas, desde explorar rutas de obstáculos hasta orquestar cosas o jugar. Estas unidades se utilizan en aulas de todo el planeta para mostrar a los estudiantes los fundamentos de la innovación mecánica y la programación de una manera tonta y astuta. Además, los concursos de innovación mecánica como FIRST Mechanical Innovation y VEX Progressed Mechanics ofrecen a los estudiantes la posible oportunidad de aplicar sus capacidades y datos en un entorno implacable, donde diseñan, desarrollan y programan robots para luchar en un movimiento de desafíos. Estos desafíos equipan a los estudiantes con una comprensión involucrada y desarrollan la colaboración, el espíritu deportivo y una sensación de superación a medida que las reuniones se unen para abordar problemas increíbles y lograr objetivos compartidos. Además, los debates sobre innovación mecánica brindan a los estudiantes receptividad a prácticas de planificación auténticas y mentores de la industria, brindando experiencias significativas sobre posibles rutas comerciales en campos STEM. Además, la preparación para la innovación mecánica no se limita a los entornos de corredor de revisión habituales, sino que se facilita en un aprendizaje relajado. condiciones, por ejemplo, programas extraescolares, campamentos diurnos y espacios para creadores. Estas puertas abiertas de aprendizaje relajado permiten a los estudiantes estudiar mecánica avanzada a su ritmo y seguir sus tendencias en materias STEM más allá del salón de clases. Además, los clubes y afiliaciones de mecánica de alto nivel brindan a los estudiantes la sensación de que la comunidad tiene un lugar donde pueden colaborar con compañeros que comparten intereses y pasiones similares. Además, los mecánicos de alto nivel esperan un papel fundamental en impulsar la diversidad y el pensamiento en STEM. preparación dando entradas a reuniones subrepresentadas, incluidas mujeres y minorías,participar en dinámicas de puertas abiertas para el desarrollo y la investigación que convocan vías de desarrollo y planificación. Drives, por ejemplo, Young Women Who Code y Ethnic minorities CODE se esfuerzan por conectarse con mujeres jóvenes y mujeres jóvenes para buscar vocaciones en campos STEM a través de mecánicas de vanguardia y programas de codificación que acentúan la mente creativa, el esfuerzo facilitado y el desarrollo de la autoridad. Sin embargo, a medida que continúa desarrollándose la tutoría en mecánica de vanguardia, es fundamental abordar desafíos como el acceso, el valor y la planificación docente para garantizar que todos los estudiantes tengan la oportunidad esperada de beneficiarse de la preparación en mecánica de vanguardia. Los intentos de reunir permiso para actividades y recursos mecánicos de vanguardia en redes desatendidas, proporcionar accesos significativos para el desarrollo a los educadores y promover prácticas de visualización de gran alcance son fundamentales para cerrar la apertura de la dirección STEM y aprovechar el tiempo excepcional de los pioneros y solucionadores de problemas. Al final, la innovación mecánica está cambiando la tutoría al ofrecer a los estudiantes oportunidades dinámicas de desarrollo que potencian las mentes creativas, el pensamiento definitivo y el esfuerzo sereno. Desde paquetes LEGO Mindstorms en escuelas primarias hasta desafíos de innovación mecánica en escuelas y universidades opcionales, la preparación en mecánica de alto nivel está incitando a los estudiantes a explorar materias STEM de maneras hasta ahora insondables. Mientras continuamos brindando el poder de la mecánica de vanguardia en la preparación, mantengámonos firmes en establecer condiciones de aprendizaje amplias que conecten a todos los estudiantes para tener éxito y prosperar en el siglo XXI. Además, a medida que el avance continúa creando, las puertas abiertas para Se están desarrollando mecánicas de vanguardia en la tutoría, que ofrecen nuevas puertas de entrada llamativas y modificadas para el desarrollo. Las progresiones de realidad virtual y extendida (VR/AR), por ejemplo, se están facilitando en la innovación mecánica preparándose para diseñar circunstancias virtuales donde los estudiantes puedan diseñar, construir y probar robots en entornos recreados. Estas experiencias virtuales involucran a los estudiantes a examinar pensamientos y circunstancias complejos de una manera segura y natural, actualizando su comprensión y apoyo a los principios STEM. Además, la innovación mecánica se está utilizando para ayudar al progreso interdisciplinario en muchas partes de la información, desde la artesanía y la música hasta la historia. y componiendo. Por ejemplo, la mecánica de alto nivel que solidifica partes de la descripción, la inventiva y el diseño desafía a los estudiantes a pensar en un sentido general e imaginativo mientras reviven sus contemplaciones a través de mecánicas de vanguardia. Al planificar mecánicas avanzadas en entornos curriculares agrupados, los educadores pueden atraer a los estudiantes a enormes y significativas puertas abiertas para el desarrollo que superan cualquier límite entre la especulación y la práctica.La mecánica de alto nivel potencia la participación general y el intercambio social de estudiantes asociados de diferentes países y establecimientos a través de aventuras y contiendas mecánicas avanzadas compartidas. Proyectos como Vital General Test y RoboCup Junior unen reuniones de estudiantes de todo el mundo para colaborar en desafíos de innovación mecánica y mostrar sus talentos en un escenario general. Estos esfuerzos compuestos a nivel mundial promueven diversos conocimientos y asociaciones, además de brindar a los estudiantes oportunidades críticas para fomentar la participación, la correspondencia y las capacidades de organización en un contexto multicultural. Además, la tutoría de innovación mecánica conecta a los estudiantes para que se conviertan en solucionadores de problemas y mejoren sus organizaciones aplicando su comprensión y capacidades para determinar cuestiones y problemas genuinos. Por ejemplo, los proyectos de innovación mecánica centrados en la protección natural, la respuesta a fallas y la consideración clínica involucran a los estudiantes para que incluyan un desarrollo mecánico avanzado para lo social y tengan un resultado valioso en sus organizaciones. Al participar en proyectos de asistencia al aprendizaje, los estudiantes fomentan la compasión, la simpatía y una sensación de compromiso social, posicionándolos para volverse morales y asociados con los ocupantes en un mundo irrefutablemente interconectado. Sin embargo, a medida que se continúa creando innovación mecánica, es fundamental abordar las tensiones sobre las consecuencias morales, sociales y biológicas del desarrollo de mecánicas de vanguardia. Las discusiones sobre el uso ético de la innovación mecánica, incluidas cuestiones como la seguridad, la libertad y la inclinación, deben facilitarse en las clases de mecánica de vanguardia para garantizar que los estudiantes tengan un conocimiento matizado de los exámenes éticos implicados en la configuración y el envío de estructuras computarizadas.. Además, los intentos de impulsar la sensibilidad y la mejora competente en la tutoría de innovación mecánica son clave para garantizar que los estudiantes estén preparados para abordar los desafíos y oportunidades desconcertantes del futuro. Al final, la mecánica de alto nivel está cambiando la preparación al ofrecer a los estudiantes oportunidades atractivas y sorprendentes. para el desarrollo que desarrollan mentes creativas, pensamiento inequívoco y esfuerzo sereno. Desde unidades LEGO Mindstorms en escuelas primarias hasta desafíos de innovación mecánica en todo el mundo en escuelas y universidades opcionales, la preparación para la innovación mecánica está impulsando a los estudiantes a examinar materias STEM de maneras hasta ahora insondables. A medida que continuamos aprovechando el poder de la innovación mecánica en la preparación, mantengámonos enfocados en establecer condiciones integrales de aprendizaje que conecten a todos los estudiantes para que se conviertan en estudiantes bien establecidos y pioneros que puedan prosperar en el siglo XXI, por así decirlo. el menos.Vital Overall Test y RoboCup Junior se unen a reuniones de estudiantes de todo el mundo para colaborar en las dificultades de la innovación mecánica y mostrar sus dones en un escenario general. Estos esfuerzos compuestos a nivel mundial promueven diversos conocimientos y asociaciones, además de brindar a los estudiantes oportunidades críticas para fomentar la participación, la correspondencia y las capacidades de organización en un contexto multicultural. Además, la tutoría de innovación mecánica conecta a los estudiantes para que se conviertan en solucionadores de problemas y mejoren sus organizaciones aplicando su comprensión y capacidades para determinar cuestiones y problemas genuinos. Por ejemplo, los proyectos de innovación mecánica centrados en la protección natural, la respuesta a fallas y la consideración clínica involucran a los estudiantes para que incluyan un desarrollo mecánico avanzado para lo social y tengan un resultado valioso en sus organizaciones. Al participar en proyectos de asistencia al aprendizaje, los estudiantes fomentan la compasión, la simpatía y una sensación de compromiso social, posicionándolos para volverse morales y asociados con los ocupantes en un mundo irrefutablemente interconectado. Sin embargo, a medida que se continúa creando innovación mecánica, es fundamental abordar las tensiones sobre las consecuencias morales, sociales y biológicas del desarrollo de mecánicas de vanguardia. Las discusiones sobre el uso ético de la innovación mecánica, incluidas cuestiones como la seguridad, la libertad y la inclinación, deben facilitarse en las clases de mecánica de vanguardia para garantizar que los estudiantes comprendan los matices de los exámenes éticos relacionados con la configuración y el envío de estructuras computarizadas. . Además, los intentos de impulsar la sensibilidad y la mejora competente en la tutoría de innovación mecánica son clave para garantizar que los estudiantes estén preparados para abordar los desafíos y oportunidades desconcertantes del futuro. Al final, la mecánica de alto nivel está cambiando la preparación al ofrecer a los estudiantes oportunidades atractivas y sorprendentes. para el desarrollo que desarrollan mentes creativas, pensamiento inequívoco y esfuerzo sereno. Desde unidades LEGO Mindstorms en escuelas primarias hasta desafíos de innovación mecánica en todo el mundo en escuelas y universidades opcionales, la preparación para la innovación mecánica está impulsando a los estudiantes a examinar materias STEM de maneras hasta ahora insondables. A medida que continuamos aprovechando el poder de la innovación mecánica en la preparación, mantengámonos enfocados en establecer condiciones integrales de aprendizaje que conecten a todos los estudiantes para que se conviertan en estudiantes bien establecidos y pioneros que puedan prosperar en el siglo XXI, por así decirlo. el menos.Vital Overall Test y RoboCup Junior se unen a reuniones de estudiantes de todo el mundo para colaborar en las dificultades de la innovación mecánica y mostrar sus dones en un escenario general. Estos esfuerzos compuestos a nivel mundial promueven diversos conocimientos y asociaciones, además de brindar a los estudiantes oportunidades críticas para fomentar la participación, la correspondencia y las capacidades de organización en un contexto multicultural. Además, la tutoría de innovación mecánica conecta a los estudiantes para que se conviertan en solucionadores de problemas y mejoren sus organizaciones aplicando su comprensión y capacidades para determinar cuestiones y problemas genuinos. Por ejemplo, los proyectos de innovación mecánica centrados en la protección natural, la respuesta a fallas y la consideración clínica involucran a los estudiantes para que incluyan un desarrollo mecánico avanzado para lo social y tengan un resultado valioso en sus organizaciones. Al participar en proyectos de asistencia al aprendizaje, los estudiantes fomentan la compasión, la simpatía y una sensación de compromiso social, posicionándolos para volverse morales y asociados con los ocupantes en un mundo irrefutablemente interconectado. Sin embargo, a medida que se continúa creando innovación mecánica, es fundamental abordar las tensiones sobre las consecuencias morales, sociales y biológicas del desarrollo de mecánicas de vanguardia. Las discusiones sobre el uso ético de la innovación mecánica, incluidas cuestiones como la seguridad, la libertad y la inclinación, deben facilitarse en las clases de mecánica de vanguardia para garantizar que los estudiantes comprendan los matices de los exámenes éticos relacionados con la configuración y el envío de estructuras computarizadas. . Además, los intentos de impulsar la sensibilidad y la mejora competente en la tutoría de innovación mecánica son clave para garantizar que los estudiantes estén preparados para abordar los desafíos y oportunidades desconcertantes del futuro. Al final, la mecánica de alto nivel está cambiando la preparación al ofrecer a los estudiantes oportunidades atractivas y sorprendentes. para el desarrollo que desarrollan mentes creativas, pensamiento inequívoco y esfuerzo sereno. Desde unidades LEGO Mindstorms en escuelas primarias hasta desafíos de innovación mecánica en todo el mundo en escuelas y universidades opcionales, la preparación para la innovación mecánica está impulsando a los estudiantes a examinar materias STEM de maneras hasta ahora insondables. Mientras continuamos aprovechando el poder de la innovación mecánica en la preparación, mantengámonos enfocados en establecer condiciones integrales de aprendizaje que conecten a todos los estudiantes para que se conviertan en estudiantes bien establecidos y pioneros que puedan prosperar en el siglo XXI, por así decirlo. el menos.La tutoría de innovación mecánica conecta a los estudiantes para que se conviertan en solucionadores de problemas y mejoren sus organizaciones aplicando su comprensión y capacidades para determinar problemas y problemas genuinos. Por ejemplo, los proyectos de innovación mecánica centrados en la protección natural, la respuesta a fallas y la consideración clínica involucran a los estudiantes para que incluyan un desarrollo mecánico avanzado para lo social y tengan un resultado valioso en sus organizaciones. Al participar en proyectos de asistencia al aprendizaje, los estudiantes fomentan la compasión, la simpatía y una sensación de compromiso social, posicionándolos para volverse morales y asociados con los ocupantes en un mundo irrefutablemente interconectado. Sin embargo, a medida que se continúa creando innovación mecánica, es fundamental abordar las tensiones sobre las consecuencias morales, sociales y biológicas del desarrollo de mecánicas de vanguardia. Las discusiones sobre el uso ético de la innovación mecánica, incluidas cuestiones como la seguridad, la libertad y la inclinación, deben facilitarse en las clases de mecánica de vanguardia para garantizar que los estudiantes comprendan los matices de los exámenes éticos relacionados con la configuración y el envío de estructuras computarizadas. . Además, los intentos de impulsar la sensibilidad y la mejora competente en la tutoría de innovación mecánica son clave para garantizar que los estudiantes estén preparados para abordar los desafíos y oportunidades desconcertantes del futuro. Al final, la mecánica de alto nivel está cambiando la preparación al ofrecer a los estudiantes oportunidades atractivas y sorprendentes. para el desarrollo que desarrollan mentes creativas, pensamiento inequívoco y esfuerzo sereno. Desde unidades LEGO Mindstorms en escuelas primarias hasta desafíos de innovación mecánica en todo el mundo en escuelas y universidades opcionales, la preparación para la innovación mecánica está impulsando a los estudiantes a examinar materias STEM de maneras hasta ahora insondables. A medida que continuamos aprovechando el poder de la innovación mecánica en la preparación, mantengámonos enfocados en establecer condiciones integrales de aprendizaje que conecten a todos los estudiantes para que se conviertan en estudiantes bien establecidos y pioneros que puedan prosperar en el siglo XXI, por así decirlo. el menos.La tutoría de innovación mecánica conecta a los estudiantes para que se conviertan en solucionadores de problemas y mejoren sus organizaciones aplicando su comprensión y capacidades para determinar problemas y problemas genuinos. Por ejemplo, los proyectos de innovación mecánica centrados en la protección natural, la respuesta a fallas y la consideración clínica involucran a los estudiantes para que incluyan un desarrollo mecánico avanzado para lo social y tengan un resultado valioso en sus organizaciones. Al participar en proyectos de asistencia al aprendizaje, los estudiantes fomentan la compasión, la simpatía y una sensación de compromiso social, posicionándolos para volverse morales y asociados con los ocupantes en un mundo irrefutablemente interconectado. Sin embargo, a medida que se continúa creando innovación mecánica, es fundamental abordar las tensiones sobre las consecuencias morales, sociales y biológicas del desarrollo de mecánicas de vanguardia. Las discusiones sobre el uso ético de la innovación mecánica, incluidas cuestiones como la seguridad, la libertad y la inclinación, deben facilitarse en las clases de mecánica de vanguardia para garantizar que los estudiantes comprendan los matices de los exámenes éticos relacionados con la configuración y el envío de estructuras computarizadas. . Además, los intentos de impulsar la sensibilidad y la mejora competente en la tutoría de innovación mecánica son clave para garantizar que los estudiantes estén preparados para abordar los desafíos y oportunidades desconcertantes del futuro. Al final, la mecánica de alto nivel está cambiando la preparación al ofrecer a los estudiantes oportunidades atractivas y sorprendentes. para el desarrollo que desarrollan mentes creativas, pensamiento inequívoco y esfuerzo sereno. Desde unidades LEGO Mindstorms en escuelas primarias hasta desafíos de innovación mecánica en todo el mundo en escuelas y universidades opcionales, la preparación para la innovación mecánica está impulsando a los estudiantes a examinar materias STEM de maneras hasta ahora insondables. Mientras continuamos aprovechando el poder de la innovación mecánica en la preparación, mantengámonos enfocados en establecer condiciones integrales de aprendizaje que conecten a todos los estudiantes para que se conviertan en estudiantes bien establecidos y pioneros que puedan prosperar en el siglo XXI, por así decirlo. el menos.Incluyendo temas como la seguridad, la libertad y la inclinación, deben facilitarse en un sistema educativo de mecánica de vanguardia para garantizar que los estudiantes tengan un conocimiento matizado de los exámenes éticos relacionados con la organización y el envío de estructuras computarizadas. Además, los intentos de impulsar la sensibilidad y la mejora competente en la tutoría de innovación mecánica son clave para garantizar que los estudiantes estén preparados para abordar los desafíos y oportunidades desconcertantes del futuro. Al final, la mecánica de alto nivel está cambiando la preparación al ofrecer a los estudiantes oportunidades atractivas y sorprendentes. para el desarrollo que desarrollan mentes creativas, pensamiento inequívoco y esfuerzo sereno. Desde unidades LEGO Mindstorms en escuelas primarias hasta desafíos de innovación mecánica en todo el mundo en escuelas y universidades opcionales, la preparación para la innovación mecánica está impulsando a los estudiantes a examinar materias STEM de maneras hasta ahora insondables. A medida que continuamos aprovechando el poder de la innovación mecánica en la preparación, mantengámonos enfocados en establecer condiciones integrales de aprendizaje que conecten a todos los estudiantes para que se conviertan en estudiantes bien establecidos y pioneros que puedan prosperar en el siglo XXI, por así decirlo. el menos.Incluyendo temas como la seguridad, la libertad y la inclinación, deben facilitarse en un sistema educativo de mecánica de vanguardia para garantizar que los estudiantes tengan un conocimiento matizado de los exámenes éticos relacionados con la organización y el envío de estructuras computarizadas. Además, los intentos de impulsar la sensibilidad y la mejora competente en la tutoría de innovación mecánica son clave para garantizar que los estudiantes estén preparados para abordar los desafíos y oportunidades desconcertantes del futuro. Al final, la mecánica de alto nivel está cambiando la preparación al ofrecer a los estudiantes oportunidades atractivas y sorprendentes. para el desarrollo que desarrollan mentes creativas, pensamiento inequívoco y esfuerzo sereno. Desde unidades LEGO Mindstorms en escuelas primarias hasta desafíos de innovación mecánica en todo el mundo en escuelas y universidades opcionales, la preparación para la innovación mecánica está impulsando a los estudiantes a examinar materias STEM de maneras hasta ahora insondables. A medida que continuamos aprovechando el poder de la innovación mecánica en la preparación, mantengámonos enfocados en establecer condiciones integrales de aprendizaje que conecten a todos los estudiantes para que se conviertan en estudiantes bien establecidos y pioneros que puedan prosperar en el siglo XXI, por así decirlo. el menos.

Coordinación de la tecnología mecánica en el programa educativo STEM

Clasificar el desarrollo mecánico en el sistema STEM (Ciencia, Progresión, Coleccionismo y Aprendizaje) es clave para reunir a los estudiantes con los puntos finales que necesitan para el mundo en general. Deberíamos analizar cómo la mejora puede potenciar el aprendizaje STEM: Condiciones de aprendizaje estándar en línea: estas etapas premian a los estudiantes universitarios para que se sientan atraídos hacia la satisfacción. Pueden participar en recreaciones, pruebas y ejercicios obligatorios relacionados con valoraciones mecánicas. Los instrumentos en línea pueden brindar datos rápidos y realizar cambios según los conceptos básicos de conducción individuales. Redirección: los aumentos son activos centrales para mostrar reglas mecánicas. Los estudiantes pueden intentar diferentes cosas en diferentes situaciones, notar resultados y adquirir experiencias prácticas. Por ejemplo, replicar planos mecánicos o desarrollar modelos virtuales puede ayudar a garantizar su comprensión. Realidad expandida (AR): la AR superpone datos avanzados en esta sólida realidad. En un entorno mecánico, la RA puede ayudar a los estudiantes a imaginar planos complejos, como motores o estructuras. Imagine a los estudiantes usando gafas AR y viendo modelos 3D comunes de piezas mecánicas durante un modelo. Realidad creada por PC (VR): la realidad virtual ataca a los estudiantes en un entorno transmitido por PC. Para el rumbo mecánico, la realidad virtual puede recrear plantas de fabricación, planes de mejora moderados o mucho espacio. Los estudiantes universitarios pueden ver equipos, temas de investigación y practicar intentos de apoyo en un clima controlado. Juegos electrónicos: La gamificación puede hacer que el aprendizaje de las evaluaciones mecánicas sea indiscutible. Los juegos iluminadores pueden hacer que los estudiantes se sumerjan en problemas de coordinación, construcción de estructuras o desarrollo de sistemas mecánicos. Al organizar la mecánica del juego, los instructores pueden ser conscientes de la realidad y la inspiración.

Capítulo 7: Vehículos independientes: Hacia un futuro sin conductor

Últimamente, los vehículos independientes han surgido como una innovación revolucionaria con la posibilidad de reformar la forma en que viajamos, conducimos y transportamos productos. Desde vehículos y camiones autónomos hasta robots independientes y robots de transporte, el ascenso de los vehículos independientes está cambiando el destino del transporte y la versatilidad. En esta parte, investigaremos el giro de los acontecimientos, las dificultades y las ramificaciones de los vehículos independientes a medida que avanzamos hacia un futuro sin conductor.

A la vanguardia de la innovación en vehículos independientes se encuentran los vehículos autónomos, que utilizan una combinación de sensores, cámaras, radares y cálculos de conciencia creados por el hombre para explorar las calles y el tráfico sin mediación humana. Empresas como Tesla, Waymo y Journey están marcando el camino en la creación y prueba de sistemas de conducción independientes que garantizan hacer las calles más seguras, reducir los atascos y aumentar la portabilidad para personas de cualquier edad y capacidad. Estos vehículos autónomos pueden cambiar el transporte metropolitano, potenciando beneficios de versatilidad a pedido y armadas de vehículos independientes compartidos que complementan los viajes públicos y reducen la dependencia de la propiedad confidencial de los vehículos. Además, los vehículos independientes están listos para alterar los factores coordinados y la industria del transporte al empoderarlos completamente. camiones independientes y vehículos de transporte que pueden trabajar día tras día sin necesidad de conductores humanos. Empresas como Leave, TuSimple y Amazon están creando acuerdos de envío independientes que garantizan aumentar la eficiencia, reducir los costos y desarrollar aún más la seguridad en el transporte de carga de larga distancia. A través de la robotización de tareas rutinarias, como la conducción y las rutas, los camiones autónomos pueden cambiar las operaciones planificadas de la red de producción y alterar la forma en que se envían y transportan los productos al país en todo el mundo. Además, los vehículos autónomos están superando el transporte callejero convencional para incorporar sistemas aeronáuticos automatizados. vehículos (UAV) y drones que pueden explorar de forma independiente el espacio aéreo y transportar mano de obra y productos a regiones remotas o no disponibles. Empresas como Amazon Prime

Air y Google's Wing están creando sistemas de transporte de robots independientes que garantizan reformar las operaciones planificadas de última milla y permitir un transporte más rápido y eficaz de paquetes, suministros médicos y servicios de respuesta a crisis. Estos robots independientes pueden cambiar empresas como empresas basadas en la web, servicios médicos y ayuda en caso de calamidades al brindar transporte rápido a pedido a clientes y redes que lo necesitan. Sin embargo, a medida que los vehículos independientes se coordinan progresivamente en nuestros sistemas de transporte, también plantean importantes cuestiones y dificultades relacionadas con la seguridad, las normas y la moral. Las preocupaciones sobre la calidad y el bienestar inquebrantables de los sistemas de conducción independiente, el potencial de contratiempos e impactos y las ramificaciones morales de las opciones de programación deben abordarse minuciosamente para garantizar que los vehículos independientes se envíen de manera confiable y moral. Además, los esfuerzos por establecer estructuras administrativas claras y directrices para la organización y pruebas de vehículos independientes son fundamentales para garantizar la confianza del público en esta tecnología en ascenso. Además, a medida que los vehículos independientes se vuelven más omnipresentes en nuestras calles y en nuestros cielos,pueden remodelar los escenarios metropolitanos y cambiar la forma en que planificamos y planificamos las comunidades urbanas. Los vehículos autónomos podrían provocar cambios en el uso de la tierra, la infraestructura urbana y las organizaciones de transporte, a medida que las áreas urbanas se adapten para adoptar nuevas formas de versatilidad y disminuir la dependencia de la propiedad privada de vehículos. Además, los vehículos independientes pueden desarrollar aún más la admisión al transporte para redes desatendidas, disminuir las emanaciones de sustancias que agotan la capa de ozono y abrir nuevas puertas para el giro financiero de los acontecimientos y la equidad social. Al final, los vehículos independientes nos están impulsando hacia un futuro en el que el transporte es más seguro, más competente y más abierto para todos. Desde vehículos y camiones autónomos hasta robots independientes y robots de transporte, el ascenso de los vehículos independientes está remodelando la forma en que transportamos mercancías e individuos, ofreciendo nuevas puertas abiertas para el desarrollo y la perturbación en el negocio del transporte. Mientras seguimos explorando las calles hacia un futuro sin conductor, seamos conscientes de las valiosas puertas abiertas y dificultades que presentan los vehículos independientes, y trabajemos juntos para garantizar que esta extraordinaria innovación beneficie a la sociedad en su conjunto. En cuanto a la propulsión, existe un creciente interés en investigar sus aplicaciones esperadas en diferentes áreas además del transporte, incluida la agricultura, el desarrollo y la seguridad pública. Se están utilizando robots independientes y robots, equipados con sensores y cálculos de inteligencia artificial, para examinar cultivos, evaluar cimientos y responder a crisis en condiciones remotas o peligrosas. Estos marcos independientes ofrecen nuevas puertas abiertas para aumentar la eficiencia, reducir los costos y desarrollar aún más la seguridad en una amplia variedad de industrias. Además, los vehículos independientes pueden cambiar la forma en que consideramos la portabilidad y la disponibilidad para personas con discapacidades y desafíos de versatilidad. Los vehículos autónomos y los transportes independientes equipados con funciones de asistencia y funciones disponibles para sillas de ruedas ofrecen oportunidades adicionales para los viajes autónomos y la conciliación local para personas con discapacidades. Al brindar administraciones de transporte de casa en casa a pedido, los vehículos independientes pueden mejorar la satisfacción personal y la consideración social de las personas con problemas de portabilidad. Además, a medida que los vehículos independientes se vuelven más comunes en nuestras calles y en nuestras comunidades urbanas, están creando enormes cantidades de información que pueden utilizarse para desarrollar aún más los marcos de transporte y la preparación metropolitana.disminuir las emanaciones de sustancias que agotan la capa de ozono y establecer nuevas puertas abiertas para el giro financiero de los acontecimientos y la equidad social. Al final, los vehículos independientes nos están impulsando hacia un futuro en el que el transporte sea más seguro, más eficiente y más abierto para todos. Desde vehículos y camiones autónomos hasta robots independientes y robots de transporte, el ascenso de los vehículos independientes está remodelando la forma en que transportamos mercancías e individuos, ofreciendo nuevas puertas abiertas para el desarrollo y la perturbación en el negocio del transporte. Mientras seguimos explorando las calles hacia un futuro sin conductor, seamos conscientes de las valiosas puertas abiertas y dificultades que presentan los vehículos independientes, y trabajemos juntos para garantizar que esta extraordinaria innovación beneficie a la sociedad en su conjunto. En cuanto a la propulsión, existe un creciente interés en investigar sus aplicaciones esperadas en diferentes áreas además del transporte, incluida la agricultura, el desarrollo y la seguridad pública. Se están utilizando robots independientes y robots, equipados con sensores y cálculos de inteligencia artificial, para examinar cultivos, evaluar cimientos y responder a crisis en condiciones remotas o peligrosas. Estos marcos independientes ofrecen nuevas puertas abiertas para aumentar la eficiencia, reducir los costos y desarrollar aún más la seguridad en una amplia variedad de industrias. Además, los vehículos independientes pueden cambiar la forma en que consideramos la portabilidad y la disponibilidad para personas con discapacidades y desafíos de versatilidad. Los vehículos autónomos y los transportes independientes equipados con funciones de asistencia y funciones disponibles para sillas de ruedas ofrecen oportunidades adicionales para los viajes autónomos y la conciliación local para personas con discapacidades. Al brindar administraciones de transporte de casa en casa a pedido, los vehículos independientes pueden mejorar la satisfacción personal y la consideración social de las personas con problemas de portabilidad. Además, a medida que los vehículos independientes se vuelven más comunes en nuestras calles y en nuestras comunidades urbanas, están creando enormes cantidades de información que pueden utilizarse para desarrollar aún más los marcos de transporte y la preparación metropolitana.disminuir las emanaciones de sustancias que agotan la capa de ozono y establecer nuevas puertas abiertas para el giro financiero de los acontecimientos y la equidad social. Al final, los vehículos independientes nos están impulsando hacia un futuro en el que el transporte sea más seguro, más eficiente y más abierto para todos. Desde vehículos y camiones autónomos hasta robots independientes y robots de transporte, el ascenso de los vehículos independientes está remodelando la forma en que transportamos mercancías e individuos, ofreciendo nuevas puertas abiertas para el desarrollo y la perturbación en el negocio del transporte. Mientras seguimos explorando las calles hacia un futuro sin conductor, seamos conscientes de las valiosas puertas abiertas y dificultades que presentan los vehículos independientes, y trabajemos juntos para garantizar que esta extraordinaria innovación beneficie a la sociedad en su conjunto. En cuanto a la propulsión, existe un creciente interés en investigar sus aplicaciones esperadas en diferentes áreas además del transporte, incluida la agricultura, el desarrollo y la seguridad pública. Se están utilizando robots independientes y robots, equipados con sensores y cálculos de inteligencia artificial, para examinar cultivos, evaluar cimientos y responder a crisis en condiciones remotas o peligrosas. Estos marcos independientes ofrecen nuevas puertas abiertas para aumentar la eficiencia, reducir los costos y desarrollar aún más la seguridad en una amplia variedad de industrias. Además, los vehículos independientes pueden cambiar la forma en que consideramos la portabilidad y la disponibilidad para personas con discapacidades y desafíos de versatilidad. Los vehículos autónomos y los transportes independientes equipados con funciones de asistencia y funciones disponibles para sillas de ruedas ofrecen oportunidades adicionales para los viajes autónomos y la conciliación local para personas con discapacidades. Al brindar administraciones de transporte de casa en casa a pedido, los vehículos independientes pueden mejorar la satisfacción personal y la consideración social de las personas con problemas de portabilidad. Además, a medida que los vehículos independientes se vuelven más comunes en nuestras calles y en nuestras comunidades urbanas, están creando enormes cantidades de información que pueden utilizarse para desarrollar aún más los marcos de transporte y la preparación metropolitana.A medida que la innovación de vehículos independientes continúa impulsándose, crece el interés en investigar sus aplicaciones esperadas en diferentes áreas más allá del transporte, incluida la agricultura, el desarrollo y la seguridad pública. Se están utilizando robots independientes y robots, equipados con sensores y cálculos de inteligencia artificial, para examinar cultivos, evaluar cimientos y responder a crisis en condiciones remotas o peligrosas. Estos marcos independientes ofrecen nuevas puertas abiertas para aumentar la eficiencia, reducir los costos y desarrollar aún más la seguridad en una amplia variedad de industrias. Además, los vehículos independientes pueden cambiar la forma en que consideramos la portabilidad y la disponibilidad para personas con discapacidades y desafíos de versatilidad. Los vehículos autónomos y los transportes independientes equipados con funciones de asistencia y funciones disponibles para sillas de ruedas ofrecen oportunidades adicionales para los viajes autónomos y la conciliación local para personas con discapacidades. Al brindar administraciones de transporte de casa en casa a pedido, los vehículos independientes pueden mejorar la satisfacción personal y la consideración social de las personas con problemas de portabilidad. Además, a medida que los vehículos independientes se vuelven más comunes en nuestras calles y en nuestras comunidades urbanas, están creando enormes cantidades de información que pueden utilizarse para desarrollar aún más los marcos de transporte y la preparación metropolitana.A medida que la innovación de vehículos independientes continúa impulsándose, crece el interés en investigar sus aplicaciones esperadas en diferentes áreas más allá del transporte, incluida la agricultura, el desarrollo y la seguridad pública. Se están utilizando robots independientes y robots, equipados con sensores y cálculos de inteligencia artificial, para examinar cultivos, evaluar cimientos y responder a crisis en condiciones remotas o peligrosas. Estos marcos independientes ofrecen nuevas puertas abiertas para aumentar la eficiencia, reducir los costos y desarrollar aún más la seguridad en una amplia variedad de industrias. Además, los vehículos independientes pueden cambiar la forma en que consideramos la portabilidad y la disponibilidad para personas con discapacidades y desafíos de versatilidad.

Los vehículos autónomos y los transportes independientes equipados con funciones de asistencia y funciones disponibles para sillas de ruedas ofrecen oportunidades adicionales para los viajes autónomos y la conciliación local para personas con discapacidades. Al brindar administraciones de transporte de casa en casa a pedido, los vehículos independientes pueden mejorar la satisfacción personal y la consideración social de las personas con problemas de portabilidad. Además, a medida que los vehículos independientes se vuelven más comunes en nuestras calles y en nuestras comunidades urbanas, están creando enormes cantidades de información que pueden utilizarse para desarrollar aún más los marcos de transporte y la preparación metropolitana.

Al examinar la información recopilada de sensores, cámaras y diferentes fuentes, los organizadores del transporte y los formuladores de políticas pueden adquirir experiencia en diseños de tráfico, áreas de interés de bloqueo y conducta de viaje, lo que les permitirá llegar a conclusiones informadas sobre proyectos marco y enfoques de transporte. Además, los vehículos autónomos pueden comunicarse entre sí y con marcos básicos astutos para mejorar el flujo de tráfico, reducir los accidentes y mejorar la eficiencia del transporte en general. Sin embargo, de la misma manera, ante cualquier innovación problemática, la recepción generalizada de vehículos autónomos también presenta dificultades. y peligros potenciales que deben ser atendidos. Las preocupaciones sobre la seguridad, la protección y la garantía de la información de la red deben abordarse para garantizar la confiabilidad y seguridad de los marcos de vehículos independientes y la información que crean. Además, el avance hacia vehículos independientes podría tener ventajas para los mercados empresariales y laborales, especialmente para los trabajadores de empresas como el transporte y las operaciones coordinadas, que podrían verse desarraigados por la automatización. Además, las consideraciones morales relacionadas con los cálculos dinámicos y los problemas morales deberían analizarse minuciosamente. Se considera que los vehículos independientes se centran en la seguridad humana y la prosperidad en todas las circunstancias. Las consultas sobre el riesgo y la responsabilidad en caso de contratiempos o decepciones de los sistemas de vehículos independientes también deben abordarse para garantizar que se establezcan sistemas legítimos adecuados para salvaguardar los privilegios e intereses de todas las partes involucradas. Al final, los vehículos independientes nos están llevando hacia una futuro donde el transporte sea más seguro, más productivo y más abierto para todos. Desde vehículos y camiones autónomos hasta robots independientes y robots de transporte, el ascenso de los vehículos independientes está remodelando la forma en que transportamos mercancías y personas, ofreciendo nuevas puertas abiertas para avances y perturbaciones en el negocio del transporte. Mientras seguimos explorando las calles hacia un futuro sin conductor, seamos conscientes de las posibles puertas abiertas y dificultades que presentan los vehículos independientes, y trabajemos juntos para garantizar que esta extraordinaria innovación beneficie a la sociedad en general.

Navegando por las carreteras con vehículos impulsados por IA

El avance de la conciencia creada por el hombre (inteligencia creada por el hombre) en el avance de los vehículos independientes ha cambiado la forma en que imaginamos el transporte. ¿Qué tal si investigamos cómo la inteligencia artificial está determinando el destino final de los vehículos autónomos y haciendo que las calles sean más seguras y productivas? Pensamiento humano para rutas independientes: los especialistas del MIT han creado un marco que permite a los vehículos sin conductor explorar condiciones nuevas y complejas utilizando solo guías básicas e información visual.

Los conductores humanos dependen de la percepción y de aparatos básicos para explorar nuevas calles. Comparan lo que ven a su alrededor con los datos del GPS. Curiosamente, los vehículos sin conductor luchan contra este pensamiento esencial. Inicialmente deberían planificar y examinar nuevas calles, lo cual es tedioso. El marco del MIT "domina" los ejemplos de guía de conductores humanos mientras exploran una pequeña región. Utiliza un control de videocámara y un sencillo guía tipo GPS. Cuando está preparado, el sistema tiene cierto control sobre un vehículo sin conductor a lo largo de un recorrido arreglado en una nueva y brillante región imitando al conductor humano. También identifica confusiones entre su guía y los aspectos más destacados de la calle, lo que le permite abordar su ruta. Aplicaciones de la inteligencia artificial en vehículos independientes: La inteligencia simulada asume un papel crítico en diferentes partes de los vehículos independientes: Discernimiento: los cálculos de inteligencia basados en computadora descifran la información de los sensores de cámaras, lidar, radar y diferentes sensores para determinar el clima. Dirección: la inteligencia simulada ayuda a los vehículos a buscar opciones subsiguientes divididas según las entradas de los sensores, las condiciones del tráfico y las consideraciones de seguridad. Combinación de sensores: la inteligencia basada en computadora consolida la información de varios sensores para generar una perspectiva de gran alcance sobre los factores ambientales. Planificación y limitación: la inteligencia simulada ayuda a crear y actualizar guías, así como a decidir el área exacta del vehículo. El objetivo es realizar una ruta independiente y vigorosa en nuevas condiciones. Por ejemplo, un sistema preparado para funcionar en un entorno metropolitano debería explorar fácilmente regiones exuberantes que nunca ha visto. Seguridad y consuelo: los cálculos de inteligencia artificial anticipan las actividades de otros clientes callejeros, garantizando colaboraciones seguras. Los vehículos autónomos se benefician constantemente de nuevas situaciones, ajustándose a las condiciones cambiantes de la calle. Al depender de la inteligencia creada por el hombre, los vehículos independientes mejoran la seguridad y brindan a los viajeros una visión agradable del viaje.

Capítulo 8: Mecánica avanzada y agricultura: desarrollo de competencia y capacidad de soporte

Últimamente, la tecnología mecánica ha surgido como un motor crítico del desarrollo de la horticultura, ofreciendo a los ganaderos nuevos instrumentos y avances para desarrollar aún más la eficiencia, disminuir los costos de trabajo y limitar los efectos naturales. Desde vehículos de trabajo independientes y robots hasta recolectores y escardadores mecánicos, la incorporación de la tecnología mecánica a la agroindustria está cambiando la forma en que se plantan, cuidan y cosechan los rendimientos. En esta sección, investigaremos el trabajo de la tecnología mecánica en la agroindustria y desarrollaremos la competencia y la capacidad de soporte en el potencial de producción de alimentos. A la vanguardia de la tecnología mecánica en horticultura se encuentran vehículos y robots independientes que permiten métodos de cultivo precisos, por ejemplo, cultivo con tasa de factor, aplicación de pesticidas designados y observación del rendimiento. Los vehículos de trabajo independientes equipados con GPS y sensores pueden explorar los campos con precisión, sembrar semillas y aplicar estiércol o pesticidas con precisión y productividad ideales. Además, los drones equipados con cámaras y sensores pueden recopilar simbolismo de alto nivel e información sobre cosechas, condiciones del suelo y variabilidad del campo, lo que permite a los ganaderos llegar a conclusiones informadas sobre el sistema de agua, la preparación y las molestias de los ejecutivos. Además, la mecánica avanzada está reformando los ciclos de recolección y mantenimiento de cultivos, lo que permite una cosecha más rápida y eficiente con menores necesidades de trabajo. Los recolectores automáticos equipados con sistemas de visión y brazos mecánicos pueden recolectar específicamente productos preparados del suelo con precisión, limitando el desperdicio y aumentando el rendimiento. Además, los sistemas mecánicos para organizar, evaluar y exprimir los rendimientos permiten a los ganaderos procesar y agrupar los productos recolectados de forma rápida y eficaz, reduciendo las desgracias posteriores a la cosecha y mejorando aún más la calidad y la duración de los productos. Además, la tecnología mecánica se está utilizando para abordar las deficiencias laborales y los crecientes costos laborales en la horticultura mediante la robotización de tareas aburridas y muy exigentes como el deshierbe, la poda y el corte. Los desmalezadores mecánicos equipados con cámaras y cálculos de inteligencia artificiales pueden distinguir y eliminar las malas hierbas con precisión, disminuyendo la necesidad de herbicidas compuestos y trabajo físico. Básicamente, los sistemas de poda mecánica pueden gestionar plantas y árboles con precisión, promoviendo la creación de productos naturales y reduciendo los costos de trabajo para los cultivadores. Además, la innovación en mecánica avanzada está permitiendo el desarrollo de sistemas de cultivo en interiores, como ranchos verticales y viveros de cultivo en tanques, donde las cosechas se cultivan en condiciones controladas bajo iluminación artificial y sistemas de control ambiental. Se utilizan robots independientes y sistemas de transporte para mover y supervisar las plantas a lo largo del sistema de desarrollo, desde la generación de las plántulas hasta la recolección y el agrupamiento.

Estos sistemas de cultivo en interiores ofrecen beneficios como la producción durante todo el año, mayores rendimientos de cosecha y menor uso de agua y pesticidas en comparación con los métodos tradicionales de cultivo al aire libre. Sin embargo, a medida que la innovación en mecánica avanzada continúa impulsando, también plantea problemas importantes. y dificultades relacionadas con la recepción, las pautas y las ramificaciones culturales. Las preocupaciones sobre el costo y la apertura de la innovación en mecánica avanzada para ganaderos familiares y de alcance limitado, así como el potencial de eliminación de trabajo en las redes provinciales, deben considerarse minuciosamente para garantizar que las ventajas de la mecánica avanzada en la agricultura se difundan imparcialmente. Además, los esfuerzos por abordar consideraciones morales y naturales, como el uso de pesticidas y el diseño hereditario relacionado con la mecánica avanzada, son fundamentales para promover prácticas de cultivo sustentables y confiables. Al final, la mecánica avanzada está cambiando la horticultura al ofrecer a los ganaderos nuevos dispositivos e innovaciones para desarrollar aún más la eficacia, la eficiencia y la manejabilidad en la creación de alimentos. Desde vehículos autónomos y robots para cultivos de precisión hasta recolectores automatizados y sistemas de cultivo en interiores, la combinación de mecánica avanzada en horticultura está cambiando la forma en que se desarrollan, cosechan y rinden los rendimientos. A medida que seguimos aprovechando la fuerza de la mecánica avanzada en la horticultura, centrémonos en promover ensayos de cultivo integrales y sostenibles que beneficien a los ganaderos, a los compradores y al clima por igual. Además, a medida que la innovación en mecánica avanzada continúa desarrollándose, crece el interés en investigar sus posibles aplicaciones para abordar los desafíos de la seguridad alimentaria mundial y garantizar el acceso a una alimentación nutritiva y razonable para todos. Los sistemas potenciados por la tecnología mecánica, como los ranchos verticales computarizados, los sistemas de acuicultura y los sistemas acuapónicos, ofrecen puertas abiertas para la creación de alimentos durante todo el año en las regiones metropolitanas y perimetropolitanas, lo que reduce la dependencia de la agricultura tradicional y amplía la versatilidad alimentaria local. Además, la innovación en mecánica avanzada puede desempeñar un papel urgente en la mejora de la eficiencia y la flexibilidad rurales a pesar del cambio ambiental, al permitir a los ganaderos adaptarse a las circunstancias naturales cambiantes y aliviar los efectos de fenómenos climáticos escandalosos. Además, la tecnología mecánica está trabajando con dinámicas impulsadas por la información en horticultura al permitir a los ganaderos recopilar y analizar enormes cantidades de datos de sensores, drones y otras fuentes para mejorar los experimentos de los ejecutivos en el rancho y aumentar aún más el rendimiento de los cultivos. Al utilizar cálculos de inteligencia artificial e investigaciones proféticas, los ganaderos pueden adquirir experiencia en el bienestar de los cultivos, la riqueza del suelo y las condiciones climáticas, lo que les permite llegar a conclusiones informadas sobre la siembra, los sistemas de agua y las molestias de los ejecutivos. Además, La innovación en mecánica avanzada puede capacitar a los ganaderos para ejecutar estrategias agroindustriales precisas, por ejemplo, cosechas explícitas en el sitio para los ejecutivos y aplicación de tasa variable, mejorando el uso de activos y limitando el impacto ecológico. Además, la tecnología mecánica está impulsando el avance en el trabajo agrícola innovador, empoderando a investigadores y científicos. Fomentar nuevas variedades de cosechas, procedimientos de cría y prácticas agronómicas para desarrollar aún más la fuerza de los cultivos, la calidad nutritiva y el rendimiento. Las etapas de fenotipado mejoradas con mecánicas avanzadas, por ejemplo, permiten a los científicos detectar y evaluar rápidamente una gran cantidad de características de las plantas, lo que ayuda a acelerar la producción de cosechas con una mayor resistencia a la estación seca, resistencia a las enfermedades y contenido saludable. Además, los marcos automatizados para la reproducción de plantas y las propuestas de diseño hereditario abren puertas para un control preciso y designado de los genomas de las plantas para mejorar las cualidades y atributos deseados. Además, la innovación en mecánica avanzada está cultivando la cooperación y el intercambio de información entre ganaderos, especialistas y socios de la industria, a través de iniciativas como plataformas de mecánica avanzada de código abierto, espacios para productores y organizaciones de investigación cooperativas. Al compartir activos, aptitudes y mejores prácticas, los socios pueden acelerar el giro de los acontecimientos y la recepción de innovaciones en mecánica avanzada en la agroindustria y abordar las provocaciones y obstáculos habituales para la ejecución. Además, los esfuerzos por avanzar en la construcción de límites y el movimiento de innovación en la enseñanza y preparación de la mecánica avanzada son fundamentales para preparar a los ganaderos y expertos en horticultura con las habilidades y la información que necesitan para aprovechar la capacidad de la mecánica avanzada en la agricultura. Pero, de la misma manera, como ocurre con cualquier innovación difícil. , la amplia aceptación de la mecánica avanzada en la agroindustria también presenta dificultades y peligros potenciales que deben abordarse. Las preocupaciones sobre la protección y seguridad de la información, las libertades de innovación autorizadas y la coherencia administrativa deben considerarse minuciosamente para garantizar que los ganaderos y socios estén protegidos y que la innovación en mecánica avanzada se envíe de manera confiable y moral. Además, los esfuerzos por abordar la separación avanzada y garantizar una admisión justa a la innovación en tecnología mecánica para los ganaderos en países emergentes y las redes subestimadas son fundamentales para avanzar en el desarrollo hortícola integral y económico. Al final, la tecnología mecánica está cambiando la agroindustria al ofrecer a los ganaderos nuevos aparatos y avances. desarrollar aún más la eficiencia, la manejabilidad y la flexibilidad en la creación de alimentos. Desde el cultivo preciso y la toma de decisiones basada en información hasta la exploración inventiva y el esfuerzo coordinado, la incorporación de la tecnología mecánica a la agroindustria está cambiando la forma en que desarrollamos, cosechamos y supervisamos los cultivos. A medida que seguimos equipando la fuerza de la tecnología mecánica en la agroindustria,Mantengámonos enfocados en promover prácticas de cultivo integrales y sostenibles que beneficien a los ganaderos, a los inversores y al clima por igual.

Cultivo de Precisión y Transformación Rural

Impulsando la diferencia modernizada en los agronegocios y los lugares comunes: La Comisión Europea de Agronegocios destacó el significado del cambio de vanguardia en las áreas nacionales y de cultivo. Los avances actuales en materia de información y correspondencia (TIC) desempeñan un papel fundamental a la hora de permitir a los agricultores trabajar de forma aún más inequívoca, capaz y financiera.

Estos avances también colaboran con creadores y clientes de nuevas maneras, ofreciendo opciones más llamativas y sencillas. Independientemente, los distritos comunes en Europa y Asia Central enfrentan movimientos para adoptar nuevos avances debido a la frágil estructura, la moderación, la falta de asistencia a la atención, las capacidades electrónicas y las cuestiones de autoridad. Para abordar esto, la Oficina Regional de la FAO para Europa y Asia Central ha desarrollado una acción local amplia que se espera que oriente la ciencia, el desarrollo y los enfoques mecanizados. Factores impulsores del cambio rural: El cambio natural recuerda los cambios en las ocupaciones, el uso de la tierra y las asociaciones entre distritos metropolitanos y comunes. Los propósitos primarios clave incluyen factores naturales: afectan los cambios familiares directos y flexibles, impulsando las ocupaciones rurales y el cambio de uso de la tierra a partir de 1980. Trabajo, tierras y empresas: el intercambio de estos puntos de vista impulsa la mejora de las asociaciones nacionales metropolitanas. Debilidad de los recursos y ejecución relacionada con el dinero: los investigadores han percibido una asociación causal unidireccional entre la inestabilidad de los recursos y la ejecución monetaria. Esto resalta la importancia de supervisar los recursos para un desarrollo útil. Desafíos comunes del cambio metropolitano: los rápidos procesos de cambio metropolitano afectan los flujos de materia, las tareas de recursos y el funcionamiento del sistema natural. Los cambios en las personas que se dispersan a lo largo del sesgo metropolitano del país esperan un papel fundamental en la formulación de estos movimientos..

Capítulo 9: Robótica en la respuesta a desastres: mejora de la seguridad y las operaciones de rescate

A pesar de acontecimientos catastróficos, percances y crisis, la tecnología mecánica ha surgido como un dispositivo básico para mejorar la seguridad y la competencia en tareas de salvamento y reacción ante calamidades. Desde robots de búsqueda y salvamento y vehículos voladores automatizados (UAV) hasta vehículos operados remotamente (ROV) y robots independientes, la innovación en mecánica avanzada está reformando la forma en que los equipos de respuesta a crisis examinan los daños, encuentran sobrevivientes y transmiten ayuda en las regiones afectadas por calamidades. En esta sección, investigaremos el trabajo de los mecánicos avanzados en una reacción de fiasco y su efecto en la mejora de las operaciones de seguridad y salvamento. Al frente de la tecnología mecánica en reacciones de calamidad se encuentran robots de búsqueda y salvamento equipados con sensores, cámaras y sistemas de correspondencia que capacítelos para explorar condiciones peligrosas y encontrar sobrevivientes atrapados entre escombros, basura o estructuras caídas. Estos robots pueden llegar a espacios limitados, diseños inestables y otras regiones que están bloqueadas o son demasiado riesgosas para los héroes humanos, brindando atención situacional continua y trabajando en la competencia y idoneidad de las operaciones de búsqueda y salvamento. Además, vehículos etéreos automatizados (UAV) y se están utilizando drones para observar las áreas afectadas por la catástrofe desde una ubicación superior, brindando simbolismo de vuelo, planificación en 3D e información de imágenes cálidas para ayudar a los socorristas a inspeccionar los daños, distinguir los peligros y centrarse en los esfuerzos de rescate. Los drones equipados con cámaras y sensores de alto rendimiento pueden supervisar de manera rápida y eficiente grandes áreas de tierra, océano o condiciones metropolitanas, lo que permite a los socorristas identificar a los sobrevivientes, evaluar los daños a la base y planificar rutas de salida en tiempo real. Además, los vehículos operados de forma remota (ROV)) y vehículos sumergidos independientes (AUV) se envían en situaciones de reacción a calamidades, como accidentes marítimos, mareas negras y tareas de búsqueda y salvamento sumergidos. Estos robots sumergidos pueden explorar condiciones sumergidas, examinar diseños sumergidos y recopilar información y pruebas del fondo marino, brindando experiencias importantes sobre el grado de daño y el efecto ecológico e iluminando la toma de decisiones por parte de los respondedores de crisis y las agencias naturales. Además, la innovación en mecánica avanzada es potenciar el desarrollo de exoesqueletos automatizados y dispositivos portátiles que mejoran la fuerza, la perseverancia y la portabilidad de los especialistas de guardia en circunstancias adversas. Estos sistemas mecánicos avanzados portátiles pueden ayudar a los bomberos, paramédicos y otros profesores de emergencia a transportar cargas pesadas, explorar territorios desagradables y realizar tareas solicitadas, reduciendo el riesgo de lesiones y cansancio y capacitando a los socorristas para trabajar de manera más efectiva en entornos de prueba. , la tecnología mecánica trabaja con la correspondencia y la coordinación entre los equipos de respuesta a crisis y las organizaciones utilizando vehículos terrestres automatizados (UGV) y robots portátiles equipados con capacidades de administración de sistemas y correspondencia.Estos robots pueden actuar como centros de correspondencia portátiles, transfiriendo mensajes, enviando información y planificando esfuerzos de reacción en regiones con bases de correspondencia restringidas o perturbadas. Además, los robots equipados con suministros clínicos, agua y otros activos fundamentales pueden transportar ayuda a zonas remotas o de difícil acceso, brindando ayuda a los supervivientes y aliviando el peso de los servicios de crisis destrozados. Sin embargo, a medida que la innovación en la tecnología mecánica sigue avanzando, También plantea importantes cuestiones y dificultades relacionadas con la moral, la seguridad y la responsabilidad en las tareas de reacción ante situaciones adversas. Las preocupaciones sobre la utilización moral de la mecánica avanzada, incluidas cuestiones como la protección de la información, el reconocimiento y el potencial de efectos secundarios invisibles, deben considerarse minuciosamente para garantizar que la innovación en la mecánica avanzada se envíe de manera competente y moral en circunstancias catastróficas. Además, los esfuerzos por establecer reglas y convenciones claras para la utilización de mecánicas avanzadas en reacciones adversas, así como preparar y limitar el trabajo de los respondedores de crisis, son fundamentales para garantizar que la innovación en mecánica avanzada se coordine con éxito en los marcos de la junta de crisis y se sume a resultados positivos para los sobrevivientes y las redes afectadas por los desastres. Al final, las mecánicas avanzadas están alterando las reacciones de debacle al brindar a los respondedores de crisis nuevos aparatos y avances para mejorar la seguridad, la competencia y la viabilidad en las tareas de salvamento. Desde robots de búsqueda y rescate hasta vehículos sumergidos y dispositivos portátiles, la innovación en mecánica avanzada está cambiando la forma en que nos preparamos y respondemos a las calamidades, salvando vidas y aliviando el efecto de las crisis en las redes de todo el planeta. Mientras seguimos equipando la fuerza de la mecánica avanzada en la reacción ante catástrofes, centrémonos en promover la utilización moral y confiable de la innovación y en garantizar que la innovación en la tecnología mecánica ayude a todos los individuos, en particular a aquellos que generalmente no pueden hacer frente a calamidades y emergencias. Además, como mecánica avanzada Aunque la innovación continúa desarrollándose, existe un creciente interés en investigar sus probables aplicaciones para seguir desarrollando la preparación ante fiascos y la flexibilidad en redes débiles. Los sistemas potenciados por la tecnología mecánica, por ejemplo, los sistemas de notificación anticipada, las organizaciones de control de inundaciones y los sistemas de localización de avalanchas, ofrecen puertas abiertas para el reconocimiento y la reacción tempranas ante los peligros naturales, lo que permite a las redes tomar medidas proactivas para reducir el riesgo y moderar el efecto de las calamidades. . Además, la innovación en mecánica avanzada puede funcionar con esfuerzos locales de preparación y reacción ante desastres al brindar a los ocupantes locales la información y los dispositivos que necesitan para responder realmente a las crisis y protegerse a sí mismos y a sus comunidades.La mecánica avanzada está trabajando con un esfuerzo coordinado global y colaboración en la reacción ante catástrofes a través de iniciativas como la Rivalidad Mundial de Tecnología Mecánica para Robots de Salvamento (RoboCup Salvage) y el Desafío de Tecnología Mecánica DARPA. Estas rivalidades unen a grupos de especialistas, arquitectos y personal de respuesta a crisis de todo el mundo para crear y probar estructuras mecánicas para situaciones de reacción a catástrofes como terremotos, incendios feroces y accidentes atómicos. Al cultivar el esfuerzo coordinado y el comercio de información entre los socios, estos concursos aceleran el giro de los acontecimientos y la organización de la innovación en mecánicas avanzadas en la reacción ante calamidades y contribuyen a resultados más desarrollados para los supervivientes y las redes afectadas por los fiascos. Además, la innovación en mecánica avanzada se está coordinando en actividades de preparación y reproducción de reacciones ante calamidades para mejorar la preparación y las capacidades de los respondedores a las crisis. Las recreaciones de realidad generada por computadora (VR) y realidad expandida (AR) permiten a los socorristas ensayar y perfeccionar sus habilidades en situaciones de fiasco razonables, trabajando en su capacidad para explorar con éxito condiciones complejas, hablar con colegas y tomar decisiones bajo tensión. Al brindar encuentros de preparación vívidos e intuitivos, la mecánica avanzada potenció las reproducciones para ayudar a los respondedores de crisis a generar certeza y capacidad en tareas de reacción ante desgracias, y finalmente trabajar en su estado para responder a verdaderas emergencias. Además, la innovación de la mecánica avanzada está potenciando la mejora de las capacidades independientes y semi. -marcos independientes para los factores coordinados de reacción ante calamidades y la red de producción de los ejecutivos. Los vehículos terrestres automatizados (UGV) y los robots aeronáuticos equipados con sistemas de transporte de carga pueden transportar suministros fundamentales como alimentos, agua, suministros médicos y materiales de refugio a regiones afectadas por calamidades, incluso en áreas remotas o de difícil acceso. Estos sistemas de operaciones mecánicas permiten la transmisión rápida y productiva de ayuda a los sobrevivientes y a las poblaciones desarraigadas, reduciendo la dependencia de las cadenas de suministro tradicionales y trabajando en la practicidad y idoneidad de los esfuerzos de respuesta a una calamidad. Pero, de la misma manera, con cualquier innovación problemática, la recepción ilimitada de tecnología mecánica En caso de fiasco, la reacción presenta además dificultades y peligros potenciales que conviene abordar. Las preocupaciones sobre la interoperabilidad, la normalización y la similitud entre varios marcos y etapas mecánicas deben abordarse para garantizar una combinación y coordinación consistentes en las actividades de reacción a la debacle de múltiples organizaciones. Además, los esfuerzos por abordar consideraciones morales y legales, como la responsabilidad y la responsabilidad por las actividades mecánicas en circunstancias de calamidad, son fundamentales para promover la utilización capaz y moral de la innovación mecánica avanzada en la gestión de crisis.La mecánica avanzada está cambiando las reacciones ante catástrofes al proporcionar a los equipos de respuesta a crisis nuevos aparatos e innovaciones para mejorar la seguridad, la productividad y la adecuación de las tareas de salvamento. Desde robots de búsqueda y rescate hasta marcos estratégicos y preparación de recreaciones, la innovación en mecánica avanzada está cambiando la forma en que planificamos y respondemos a las calamidades, salvando vidas y aliviando el efecto de las crisis en las redes de todo el planeta. Mientras seguimos frenando la fuerza de la mecánica avanzada en una reacción fiasco, mantengámonos enfocados en promover el esfuerzo conjunto, el desarrollo y la utilización capaz de la innovación para fabricar redes versátiles y factibles que puedan resistir y recuperarse de catástrofes y crisis.

Implementación de robots en situaciones de emergencia

Los robots desempeñan un papel fundamental en situaciones de reacción a crisis, ayudando a los especialistas de guardia a explorar condiciones peligrosas y aliviar las posibilidades. Aquí hay algunas maneras en que los robots se transmiten en circunstancias de crisis: Actividades de búsqueda y salvamento: los robots pueden explorar a través de la basura, estructuras inestables y otras áreas de riesgo para buscar sobrevivientes después de catástrofes como temblores sísmicos o averías de edificios. Proporcionan imágenes aeronáuticas básicas y atención situacional, ayudando a los socorristas a evaluar rápidamente lo que está sucediendo y brindando orientación sobre el cuidado de materiales inseguros: Los robots pueden lidiar con sustancias peligrosas, como materiales sintéticos venenosos o materiales radiactivos, lo que reduce el riesgo para los socorristas humanos. Pueden ingresar a regiones donde es riesgoso para las personas, limitando las posibilidades de lesiones o daños. Detección remota y recopilación de información: los robots etéreos y terrestres recopilan información de regiones afectadas por catástrofes, ayudando a los socorristas a tomar decisiones informadas. Captan imágenes, grabaciones e información de sensores, lo que brinda importantes conocimientos para criticar a los ejecutivos. Correspondencia y coordinación: los robots pueden diseñar redes de correspondencia en regiones con sistemas perturbados. Transfieren datos entre los socorristas, desarrollando aún más la coordinación durante las crisis. Investigación de cimientos y evaluación de daños: los robots examinan el estado de las estructuras, los tramos y diferentes diseños después de las debacles. Distinguen daños primarios, derrames u otros riesgos, lo que permite a los socorristas concentrarse en sus esfuerzos. Operaciones y respaldo: los robots ayudan con puntos coordinados, envío de suministros, hardware clínico y otros elementos básicos a las regiones afectadas. Dejaron libres a los socorristas humanos para que se concentraran en las tareas básicas mientras se ocupaban de las operaciones de rutina.

Capítulo 10: La moral de la mecánica avanzada: tendiendo a las ramificaciones morales y sociales

A medida que las innovaciones en tecnología mecánica y en la capacidad intelectual creada por el hombre (inteligencia basada en computadora) continúan progresando rápidamente, las investigaciones sobre sus ramificaciones morales se han vuelto cada vez más inequívocas. Desde preocupaciones sobre el desplazamiento del trabajo y la predisposición algorítmica hasta cuestiones de seguridad, responsabilidad e independencia, los elementos morales de la mecánica avanzada son desconcertantes y complejos. En esta sección, investigaremos las dificultades y los problemas morales que presentan la tecnología mecánica y la inteligencia creada por el hombre, y examinaremos los sistemas para abordarlos para avanzar en el giro confiable y moral de los acontecimientos y el envío de estas tecnologías. En el centro de la discusión moral que abarca La tecnología mecánica y la inteligencia basada en computadoras es el tema de lo que estos avances significarán para la cultura humana y la prosperidad individual.

A medida que la mecanización reemplaza el trabajo humano en diferentes empresas, las preocupaciones sobre el desplazamiento del trabajo, la disparidad financiera y los disturbios sociales se han articulado más. Además, la posibilidad de que los cálculos de inteligencia simulados propaguen o compliquen las predisposiciones y la separación existentes, especialmente en regiones, por ejemplo, en el reclutamiento, los préstamos y la aplicación de la ley, plantea cuestiones importantes sobre la razonabilidad, la equidad y el valor en la utilización de tecnologías basadas en computadora. marcos de inteligencia. Además, la creciente incorporación de la mecánica avanzada y la inteligencia artificial a la existencia cotidiana genera preocupaciones sobre la seguridad, el reconocimiento y la desintegración de la independencia individual. A medida que dispositivos astutos y marcos independientes recopilan e investigan inmensas cantidades de información individual, las consultas sobre el consentimiento, la propiedad de la información y la sencillez algorítmica se vuelven fundamentales. Además, el uso de marcos de observación basados en computadoras impulsados por inteligencia genera abiertamente preocupaciones sobre las libertades comunes, las libertades comunes y el potencial de mal uso o abuso de estos avances por parte de las administraciones estatales y otros actores.

Además, el envío de marcos independientes como los vehículos autónomos, los drones y las armas mecánicas, plantea importantes cuestiones morales sobre la responsabilidad, la obligación y la asignación de posiciones dinámicas a las máquinas. A medida que los sistemas independientes toman decisiones continuamente sin la intercesión humana, las investigaciones sobre la organización moral, el riesgo y la parte de responsabilidad con respecto a los resultados de sus actividades se vuelven cada vez más complejas. Además, la posibilidad de que los marcos independientes inflijan daños o efectos secundarios invisibles, ya sea a través de averías, errores o abuso intencionado, plantea importantes reflexiones morales sobre el peligro, la seguridad y el plan moral y las directrices de los sistemas de inteligencia artificial y tecnología mecánica. Mientras luchamos con estas dificultades morales, es fundamental percibir las probables ventajas de la mecánica avanzada y la inteligencia creada por el hombre para tender a superar las dificultades culturales e impulsar la asistencia del gobierno humano. Desde seguir desarrollando los resultados de la atención médica y mejorar la apertura para las personas con discapacidades hasta atender el cambio ambiental y promover un giro sostenible de los acontecimientos, la tecnología mecánica y la inteligencia creada por el hombre ofrecen puertas abiertas para el avance y el avance que pueden trabajar en la satisfacción personal de todos los individuos. sobre el planeta.

Además, los esfuerzos por abordar los componentes morales de la mecánica avanzada y la inteligencia simulada requieren un esfuerzo coordinado y el compromiso de numerosos socios, incluidos formuladores de políticas, analistas, pioneros de la industria y asociaciones de la sociedad común. Al cultivar el discurso, la franqueza y la responsabilidad en el curso de los acontecimientos y al enviar tecnología mecánica y avances de inteligencia basados en computadoras, podemos garantizar que estos avances estén alineados con las cualidades humanas y contribuyan al beneficio de todos. Además, los esfuerzos por promover la variedad, la incorporación y el valor en el curso de los acontecimientos y la utilización de la tecnología mecánica y la inteligencia creada por el hombre son fundamentales para tender a la predisposición y la separación y garantizar que estas innovaciones beneficien a todos los individuos de la sociedad. Las dificultades morales que presentan la mecánica avanzada y la inteligencia creada por el hombre son alucinantes y de múltiples capas, y requieren un pensamiento cauteloso y una consideración inteligente por parte de todos los socios. Desde preocupaciones sobre el desplazamiento laboral y la predisposición algorítmica hasta cuestiones de seguridad, responsabilidad e independencia, los elementos morales de la mecánica avanzada y la inteligencia creada por el hombre son fundamentales para el giro de los acontecimientos y la organización. Atendiendo estas dificultades con rectitud, sencillez y garantía de las cualidades humanas, podemos garantizar que la tecnología mecánica y las innovaciones de inteligencia simulada contribuyan a un futuro aún más imparcial y sostenible para todos. Marcos de directrices y gestión que garanticen la giro capaz y moral de los acontecimientos, organización y utilización de estos avances. Los órganos administrativos y los responsables de la formulación de políticas desempeñan un papel esencial en el establecimiento de reglas y normas para el plan moral y la actividad de la tecnología mecánica y los marcos de inteligencia creados por el hombre, así como en la observancia de la coherencia y la implementación de la responsabilidad. Además, la participación y la cooperación mundial son fundamentales para orquestar pautas y estándares a través de las fronteras y promover principios globales para la utilización moral de la tecnología mecánica y la inteligencia artificial. Además, los esfuerzos para promover las contemplaciones morales en la tecnología mecánica y la inteligencia artificial deben coordinarse en la educación y la preparación de programas. para diseñadores, ingenieros y diferentes expertos comprometidos con el diseño y ejecución de estos avances. Al integrar la capacitación moral en los planes educativos STEM y los programas de avance de expertos, podemos garantizar que las personas en el futuro de los tecnólogos estén equipadas con la información y las habilidades que necesitan para explorar las complejidades morales de la tecnología mecánica y la inteligencia creada por el hombre y tomar decisiones informadas. que se centran en la asistencia y el bienestar del gobierno humano.Cultivar la conciencia pública y el compromiso con las ramificaciones morales de la tecnología mecánica y la inteligencia creada por el hombre es fundamental para generar confianza y promover una gestión capaz de estas innovaciones. El intercambio público, el interés de los residentes y el compromiso de los socios pueden ayudar a sacar a la luz cuestiones sobre los peligros y ventajas esperados de la tecnología mecánica y la inteligencia simulada, así como permitir que las personas y las redes aboguen por la utilización moral y responsable de estas innovaciones. Además, los esfuerzos por promover la sencillez y la receptividad en el giro de los acontecimientos y el envío de tecnología mecánica e inteligencia artificial pueden ayudar a generar confianza pública en estas tecnologías. Además, la exploración interdisciplinaria y el esfuerzo conjunto son fundamentales para impulsar la comprensión de cómo podemos interpretar la moral. componentes de la tecnología mecánica y la inteligencia creada por el hombre y crear procedimientos para atender dificultades y problemas morales. Al unir a especialistas de diferentes campos como la forma de pensar, la moral, la regulación, las ciencias sociales y la ingeniería de software, podemos fomentar el discurso interdisciplinario y el esfuerzo coordinado que mejore la forma en que podemos interpretar las ramificaciones morales de la tecnología mecánica y la inteligencia creada por el hombre e ilumina moralmente. dirección independiente y desarrollo de estrategias. En última instancia, atender las ramificaciones morales de la mecánica avanzada y la inteligencia simulada requiere un enfoque integral y de múltiples capas que incorpore avances innovadores, supervisión administrativa, instrucción y preparación, compromiso público y exploración interdisciplinaria. Al cooperar para abordar las dificultades morales y los predicamentos que presentan la tecnología mecánica y la inteligencia artificial, podemos garantizar que estos avances contribuyan a un futuro aún más justo y razonable para todos. Al final, las ramificaciones morales de la mecánica avanzada y la inteligencia artificial La inteligencia es significativa y amplia, y aborda cuestiones básicas sobre las cualidades, libertades y obligaciones humanas en un mundo innegablemente robotizado e interconectado. Al abordar estas dificultades con confiabilidad, sencillez y una garantía de asistencia gubernamental humana, podemos abordar la extraordinaria capacidad de la tecnología mecánica y la inteligencia basada en computadora para construir un futuro moralmente sólido, social y económicamente para la Tierra durante mucho tiempo en el futuro. futuro.Los esfuerzos por promover la sencillez y la receptividad en el giro de los acontecimientos y el envío de tecnología mecánica e inteligencia artificial pueden ayudar a generar confianza pública en estas tecnologías. Además, la exploración interdisciplinaria y el esfuerzo conjunto son fundamentales para impulsar la comprensión de cómo podríamos interpretar los componentes morales de tecnología mecánica y la inteligencia creada por el hombre y crear procedimientos para atender dificultades y problemas morales. Al unir a especialistas de diferentes campos como la forma de pensar, la moral, la regulación, las ciencias sociales y la ingeniería de software, podemos fomentar el discurso interdisciplinario y el esfuerzo coordinado que mejore la forma en que podemos interpretar las ramificaciones morales de la tecnología mecánica y la inteligencia creada por el hombre e ilumina moralmente. dirección independiente y desarrollo de estrategias. En última instancia, atender las ramificaciones morales de la mecánica avanzada y la inteligencia simulada requiere un enfoque integral y de múltiples capas que incorpore avances innovadores, supervisión administrativa, instrucción y preparación, compromiso público y exploración interdisciplinaria. Al cooperar para abordar las dificultades morales y los predicamentos que presentan la tecnología mecánica y la inteligencia artificial, podemos garantizar que estos avances contribuyan a un futuro aún más justo y razonable para todos. Al final, las ramificaciones morales de la mecánica avanzada y la inteligencia artificial La inteligencia es significativa y amplia, y aborda cuestiones básicas sobre las cualidades, libertades y obligaciones humanas en un mundo innegablemente robotizado e interconectado. Al abordar estas dificultades con confiabilidad, sencillez y una garantía de asistencia gubernamental humana, podemos abordar la extraordinaria capacidad de la tecnología mecánica y la inteligencia basada en computadora para construir un futuro moralmente sólido, social y económicamente para la Tierra durante mucho tiempo en el futuro. futuro.Los esfuerzos por promover la sencillez y la receptividad en el giro de los acontecimientos y el envío de tecnología mecánica e inteligencia artificial pueden ayudar a generar confianza pública en estas tecnologías. Además, la exploración interdisciplinaria y el esfuerzo conjunto son fundamentales para impulsar la comprensión de cómo podríamos interpretar los componentes morales de tecnología mecánica y la inteligencia creada por el hombre y crear procedimientos para atender dificultades y problemas morales. Al unir a especialistas de diferentes campos como la forma de pensar, la moral, la regulación, las ciencias sociales y la ingeniería de software, podemos fomentar el discurso interdisciplinario y el esfuerzo coordinado que mejore la forma en que podemos interpretar las ramificaciones morales de la tecnología mecánica y la inteligencia creada por el hombre e ilumina moralmente. dirección independiente y desarrollo de estrategias. En última instancia, atender las ramificaciones morales de la mecánica avanzada y la inteligencia simulada requiere un enfoque integral y de múltiples capas que incorpore avances innovadores, supervisión administrativa, instrucción y preparación, compromiso público y exploración interdisciplinaria. Al cooperar para abordar las dificultades morales y los predicamentos que presentan la tecnología mecánica y la inteligencia artificial, podemos garantizar que estos avances contribuyan a un futuro aún más justo y razonable para todos. Al final, las ramificaciones morales de la mecánica avanzada y la inteligencia artificial La inteligencia es significativa y amplia, y aborda cuestiones básicas sobre las cualidades, libertades y obligaciones humanas en un mundo innegablemente robotizado e interconectado. Al abordar estas dificultades con confiabilidad, sencillez y una garantía de asistencia gubernamental humana, podemos abordar la extraordinaria capacidad de la tecnología mecánica y la inteligencia basada en computadora para construir un futuro moralmente sólido, social y económicamente para la Tierra durante mucho tiempo en el futuro. futuro.Al cooperar para abordar las dificultades morales y los predicamentos que presentan la tecnología mecánica y la inteligencia artificial, podemos garantizar que estos avances contribuyan a un futuro aún más justo y razonable para todos. Al final, las ramificaciones morales de la mecánica avanzada y la inteligencia artificial La inteligencia es significativa y amplia, y aborda cuestiones básicas sobre las cualidades, libertades y obligaciones humanas en un mundo innegablemente robotizado e interconectado. Al abordar estas dificultades con confiabilidad, sencillez y una garantía de asistencia gubernamental humana, podemos abordar la extraordinaria capacidad de la tecnología mecánica y la inteligencia basada en computadora para construir un futuro moralmente sólido, social y económicamente para la Tierra durante mucho tiempo en el futuro. futuro.Al cooperar para abordar las dificultades morales y los predicamentos que presentan la tecnología mecánica y la inteligencia artificial, podemos garantizar que estos avances contribuyan a un futuro aún más justo y razonable para todos. Al final, las ramificaciones morales de la mecánica avanzada y la inteligencia artificial La inteligencia es significativa y amplia, y aborda cuestiones básicas sobre las cualidades, libertades y obligaciones humanas en un mundo innegablemente robotizado e interconectado. Al abordar estas dificultades con confiabilidad, sencillez y una garantía de asistencia gubernamental humana, podemos abordar la extraordinaria capacidad de la tecnología mecánica y la inteligencia basada en computadora para construir un futuro moralmente sólido, social y económicamente para la Tierra durante mucho tiempo en el futuro. futuro.

Equilibrando la innovación con la responsabilidad

Para lograr un equilibrio entre innovación y responsabilidad en robótica, se deben tener en cuenta consideraciones éticas en cada etapa de desarrollo e implementación. Diseño ético: al diseñar un sistema robótico se deben tener en cuenta consideraciones éticas. Es necesario emplear desarrolladores morales y capaces de incorporar responsabilidad a las tecnologías robóticas. Control versus libertad: A medida que los robots se vuelven más independientes, es esencial establecer pautas claras y mecanismos de control para garantizar la toma de decisiones éticas y evitar el uso indebido. Privacidad y seguridad de los datos Los robots recopilan una gran cantidad de datos, por lo que la privacidad y la seguridad son importantes. Esto incluye discutir las implicaciones éticas de los sistemas robóticos que manejan datos. Atribución de responsabilidades: los procedimientos para delegar responsabilidades deben ser seguidos por todas las partes involucradas en la creación y operación de un robot. Como resultado, se mantienen la coherencia moral y la responsabilidad. La robótica ética promueve un comportamiento responsable y enfatiza el bienestar de los trabajadores. Esto incluye tener en cuenta las implicaciones laborales de las personas cuyos trabajos implican interactuar con robots. Transparencia y eliminación de sesgos: Para garantizar que las tecnologías robóticas sean equitativas y no exacerben la situación, es necesario tomar medidas para reducir los sesgos y la transparencia en la aplicación de la inteligencia artificial a los robots. El objetivo final es garantizar que las tecnologías robóticas se desarrollen y utilicen de manera que mejoren nuestras vidas, nuestra seguridad y la sociedad en su conjunto. Puede leer los artículos sobre estos temas para obtener información más detallada.

Capítulo 11: Los efectos de los robots en el empleo y en la dinámica del empleo y de la fuerza laboral

Han surgido debates sobre el futuro del trabajo y el impacto potencial en el empleo y la dinámica de la fuerza laboral como resultado de la incorporación de la robótica y la automatización en diversas industrias. La naturaleza de los trabajos y las habilidades necesarias para el éxito en la fuerza laboral están siendo transformadas por la tecnología robótica en industrias tan diversas como la manufactura, la logística, la atención médica y los servicios. Una de las principales preocupaciones en torno al auge de la robótica es el potencial de desplazamiento de empleos y cambios en la composición de la fuerza laboral. En este capítulo, investigaremos las implicaciones de la robótica en el empleo, la dinámica de la fuerza laboral y las estrategias para navegar el panorama cambiante del trabajo en la era de la automatización. Los trabajadores cuyos empleos son susceptibles a la automatización corren el riesgo de perderlos a medida que las tareas rutinarias y repetitivas son reemplazadas por la automatización en las industrias manufactureras y de ensamblaje. Además, los avances en la tecnología robótica, como la creación de sistemas impulsados por IA y robots autónomos, pueden tener un impacto en profesiones administrativas como el trabajo administrativo, el ingreso de datos y el servicio al cliente, además de los trabajos manuales tradicionales. Por otro lado, aunque la tecnología robótica puede provocar la pérdida de algunos puestos de trabajo, también abre nuevas oportunidades de empleo y expansión económica. Como resultado de su uso, pueden surgir nuevos trabajos en campos como el desarrollo de software, el análisis de datos, la integración de sistemas, el mantenimiento y reparación de robótica y la automatización. Además, existe una demanda creciente de trabajadores calificados que sean capaces de diseñar, operar y gestionar sistemas robóticos, así como de interpretar los datos generados por estos sistemas. Además, la tecnología de la robótica tiene el potencial de impulsar la productividad, la eficiencia y la competitividad en las industrias que implementan la automatización, lo que resultaría en un aumento general del empleo y la expansión económica. La tecnología robótica puede liberar a los trabajadores humanos para que se concentren en tareas de mayor valor que requieren creatividad, pensamiento crítico y habilidades de resolución de problemas mediante la automatización de tareas rutinarias y repetitivas.

Además, la tecnología robótica está impulsando la evolución de la dinámica de la fuerza laboral y remodelando las habilidades necesarias para tener éxito en el mercado laboral del siglo XXI. Los sistemas basados en robots, como los robots colaborativos (cobots), pueden mejorar las capacidades humanas y mejorar la seguridad en el lugar de trabajo al ayudar a los trabajadores con tareas físicamente exigentes y reducir el riesgo de lesiones y accidentes. Existe una demanda creciente de inversiones en programas de educación y capacitación que proporcionen a las personas las habilidades y competencias necesarias para prosperar en una economía impulsada por la tecnología a medida que crece la demanda de trabajadores con habilidades técnicas en robótica, programación y análisis de datos. A medida que la automatización altera la naturaleza del trabajo y la forma en que colaboramos e interactuamos con las máquinas y los sistemas de inteligencia artificial, las habilidades interpersonales como la adaptabilidad, la comunicación y el trabajo en equipo se vuelven cada vez más importantes.Por otro lado, a medida que navegamos por el cambiante panorama del trabajo en la era de la automatización, es esencial abordar las preocupaciones relativas a la equidad, el acceso y la inclusión en la fuerza laboral. Para garantizar que todos tengan la oportunidad de adaptarse y prosperar en la economía digital, los esfuerzos para promover el aprendizaje permanente y los programas de recapacitación son cruciales, particularmente para los trabajadores que corren el riesgo de perder sus empleos debido a la automatización. La diversidad, la equidad y la inclusión en la educación STEM y el desarrollo de la fuerza laboral también son esenciales para crear una fuerza laboral que refleje la diversidad de nuestra sociedad y utilice la tecnología robótica en todo su potencial para la innovación y el crecimiento económico. En conclusión, la incorporación de la robótica y la automatización a la fuerza laboral presenta oportunidades y desafíos a los individuos, las empresas y la sociedad en su conjunto. Si bien la tecnología robótica tiene el potencial de impulsar la productividad, la eficiencia y la competitividad, también genera preocupaciones sobre el desplazamiento de empleos, la brecha de habilidades y la desigualdad en la fuerza laboral. Podemos garantizar que la tecnología robótica contribuya a un futuro en el que el trabajo sea significativo, inclusivo y sostenible para todos si abordamos proactivamente estos desafíos mediante inversiones en educación, capacitación y desarrollo de la fuerza laboral. Además, los esfuerzos para mitigar los posibles efectos negativos de la robótica en el empleo requieren colaboración y coordinación entre las partes interesadas, incluidos los formuladores de políticas, las empresas, los educadores y las organizaciones laborales. Los programas de capacitación de la fuerza laboral, los aprendizajes y la asistencia para la transición laboral son ejemplos de intervenciones políticas que pueden ayudar a los trabajadores a adquirir las habilidades que necesitan para tener éxito en una economía impulsada por la tecnología y adaptarse a los requisitos laborales cambiantes. Además, los esfuerzos por impulsar el crecimiento económico y la creación de empleo en industrias que complementan la robótica y la automatización, como los servicios digitales, la energía renovable y la manufactura avanzada, pueden compensar la pérdida de empleos en las industrias afectadas por la automatización. Además, para aprovechar las oportunidades de negocio que brindan la robótica y la automatización, es fundamental cultivar una cultura de innovación y emprendimiento. Los gobiernos pueden impulsar la innovación y abrir nuevas vías para la creación de empleo y la expansión económica proporcionando incentivos para las nuevas empresas y las pequeñas empresas, fomentando asociaciones entre el mundo académico y la industria y apoyando iniciativas de investigación y desarrollo. Además, a medida que la tecnología robótica continúa avanzando, existe una creciente necesidad de enfoques éticos y responsables de la automatización que den prioridad al bienestar humano y social. Además, los esfuerzos por promover la comercialización de la investigación en robótica y la transferencia de tecnología pueden ayudar a traducir los descubrimientos científicos en aplicaciones prácticas que beneficien a la sociedad y contribuyan a la prosperidad económica. Directrices éticas para el diseño e implementación de sistemas robóticos.Los mecanismos de transparencia y rendición de cuentas para los algoritmos de IA y la participación pública en los procesos de toma de decisiones pueden contribuir a garantizar que la tecnología robótica sea desarrollada y utilizada según los valores humanos y en beneficio del público en general. En conclusión, el impacto de la robótica en el empleo y la dinámica de la fuerza laboral es complejo y multifacético, con oportunidades y desafíos para las personas, las empresas y la sociedad en su conjunto. Para construir un futuro en el que la tecnología robótica beneficie a todos los miembros de la sociedad, son esenciales esfuerzos para abordar las implicaciones sociales y económicas de la automatización, como la desigualdad de ingresos, la polarización laboral y el acceso a la atención médica y a los servicios sociales. Podemos navegar por el panorama cambiante del trabajo en la era de la automatización y garantizar que la tecnología robótica contribuya a un futuro en el que el trabajo sea significativo, inclusivo y sostenible para todos adoptando la innovación, invirtiendo en educación y capacitación, y fomentando la colaboración y el diálogo entre las partes interesadas. .

Hacer ajustes al cambiante panorama laboral

De hecho, una cuestión crucial es la adaptación al cambiante panorama laboral, particularmente a la luz del auge de la robótica y la automatización. Considere estos puntos importantes: Mayor automatización: contrariamente a la creencia popular, la automatización y la robótica están alterando la naturaleza del trabajo en lugar de necesariamente reemplazar a los trabajadores. A medida que las empresas se vuelven más productivas y competitivas, una mayor automatización puede resultar en un aumento general de la contratación. Cambios en la gestión: la introducción de robots puede reducir la necesidad de gerentes, particularmente aquellos a cargo de empleados altamente calificados. Esto se debe a que los robots pueden reducir el error humano y aumentar la eficiencia. Mejora y recapacitación: los trabajadores necesitan mejorar y recapacitar para poder adaptarse a las nuevas tecnologías. Las tareas repetitivas o sencillas de resolución de problemas son las más susceptibles a la automatización. Colaboración entre humanos y IA: la clave es fomentar una cultura de aprendizaje continuo y reconocer la importancia de las habilidades humanas. Será esencial adaptarse a una fuerza laboral híbrida en la que colaboran la IA y los humanos. Se están creando nuevos puestos de trabajo, aunque la automatización puede eliminar algunos puestos de trabajo. Sin embargo, se están creando nuevos roles que requieren diferentes habilidades. En conclusión, la atención debería centrarse en aprovechar la tecnología para ser más productivos y competitivos y al mismo tiempo garantizar que los trabajadores estén preparados para los cambios provocados por la robótica y la automatización. Es importante garantizar que los trabajadores cuenten con las habilidades necesarias para desempeñar estos nuevos roles. Se trata de lograr un equilibrio entre el trabajo humano y los avances tecnológicos.

Capítulo 12: Accesibilidad y robótica: Dar más poder a las personas con discapacidad

La forma en que las personas con discapacidad interactúan con su entorno se ha transformado mediante la incorporación de tecnología robótica en dispositivos de asistencia y soluciones de accesibilidad, mejorando su independencia, movilidad y calidad de vida. Los robots de asistencia, los sistemas domésticos inteligentes, las prótesis robóticas y los exoesqueletos son sólo algunos ejemplos de cómo la tecnología robótica está permitiendo a las personas con discapacidad superar barreras físicas y participar plenamente en la sociedad. Las prótesis y exoesqueletos robóticos están transformando la vida de las personas con pérdida de extremidades o problemas de movilidad al restaurar la movilidad, la destreza y la funcionalidad. En este capítulo, examinaremos el papel de la robótica en la accesibilidad y su efecto en el empoderamiento de las personas con discapacidad. Las prótesis con algoritmos, sensores y actuadores de IA pueden imitar los movimientos naturales de las extremidades humanas, lo que hace que a los usuarios les resulte más fácil y preciso realizar una amplia gama de tareas cotidianas. Además, la tecnología robótica está facilitando el desarrollo de robots de asistencia y compañeros robóticos que apoyan y ayudan a las personas con discapacidad en una variedad de aspectos de la vida diaria. De manera similar, los exoesqueletos y los dispositivos ortopédicos eléctricos pueden ayudar a las personas con problemas de movilidad brindándoles apoyo y asistencia para caminar, pararse y subir escaleras. Esto permite a las personas navegar en su entorno con mayor independencia y confianza. Los robots sociales con inteligencia artificial y capacidades de procesamiento del lenguaje natural pueden ayudar a las personas con discapacidades a sentirse menos solas y aisladas al ayudar con cosas como la comunicación, la interacción social y el apoyo emocional. Además, la tecnología robótica está revolucionando la accesibilidad en el entorno construido al permitir el desarrollo de sistemas domésticos inteligentes y dispositivos de control ambiental que se adaptan a las necesidades de las personas con discapacidad.

Además, los robots de servicio con manipuladores y sensores pueden ayudar con tareas como el cuidado personal, la preparación de comidas y las tareas domésticas, lo que permite a las personas con discapacidad vivir de forma más independiente y autónoma. Las personas con discapacidad pueden vivir de forma más cómoda y segura en sus propios hogares gracias a los sistemas domésticos inteligentes que están equipados con sensores, actuadores y tecnología de reconocimiento de voz. Estos sistemas pueden automatizar y controlar diversos aspectos del entorno del hogar, como la iluminación, la temperatura y la seguridad. Además, el desarrollo de sistemas de transporte accesibles, dispositivos de comunicación y tecnologías de asistencia está facilitando el acceso de las personas con discapacidad a la educación, el empleo y la participación social. Además, los dispositivos de control ambiental, como interruptores adaptativos, asistentes activados por voz y sistemas de reconocimiento de gestos, permiten a las personas con discapacidad controlar dispositivos y aparatos electrónicos con mayor facilidad e independencia. Las personas con problemas de movilidad pueden viajar de forma segura e independiente gracias a vehículos autónomos que están equipados con funciones de acceso para sillas de ruedas y tecnologías de asistencia. Como resultado, se reducen las barreras al empleo, la educación y la participación comunitaria. De manera similar, los dispositivos generadores de voz, las pantallas braille y los dispositivos de entrada alternativos permiten a las personas con discapacidades de comunicación expresarse e interactuar con otros de manera más efectiva, fomentando la inclusión y la participación en la sociedad. Por otro lado, aunque la tecnología robótica tiene el potencial de transformar la vida de las personas con discapacidad, también plantea importantes preocupaciones con respecto a la accesibilidad, la asequibilidad y la usabilidad. Para garantizar que todas las personas con discapacidad tengan igual acceso a las tecnologías de asistencia basadas en robótica, es necesario abordar las preocupaciones relativas al costo y la disponibilidad de estos dispositivos, así como los requisitos de capacitación y apoyo para los usuarios y cuidadores.

En conclusión, la tecnología robótica está revolucionando la accesibilidad al proporcionar soluciones innovadoras que permiten a las personas con discapacidad superar barreras físicas y participar más plenamente en la sociedad. Además, los esfuerzos para abordar consideraciones éticas y sociales, como la privacidad, la autonomía y el potencial de dependencia de la tecnología, son esenciales para promover el uso responsable y ético de la tecnología robótica en soluciones de accesibilidad. La tecnología robótica está mejorando la independencia, la movilidad y la calidad de vida de las personas con discapacidad a través de robots de asistencia, exoesqueletos, prótesis robóticas y sistemas domésticos inteligentes. Para garantizar que la tecnología robótica beneficie a todos los miembros de la sociedad, independientemente de su capacidad o discapacidad, mantengamos nuestro compromiso de promover el diseño inclusivo, el acceso equitativo y el uso ético de la tecnología mientras continuamos aprovechando el potencial de accesibilidad de la robótica. Además, para avanzar en la accesibilidad en robótica, son esenciales los esfuerzos para fomentar la colaboración y la asociación entre las partes interesadas, como investigadores, ingenieros, profesionales de la salud, formuladores de políticas y organizaciones de defensa. Podemos garantizar que la tecnología de asistencia y las soluciones de accesibilidad satisfagan las diversas necesidades y preferencias de las personas con discapacidad acelerando la innovación y el desarrollo fomentando la colaboración interdisciplinaria y el intercambio de conocimientos. La comprensión y el apoyo del público a las tecnologías robóticas también dependen de los esfuerzos para aumentar la educación y la conciencia sobre la tecnología robótica y la accesibilidad. Podemos fomentar la aceptación y adopción de tecnologías de asistencia entre las personas con discapacidades, los cuidadores y el público en general promoviendo la conciencia sobre los posibles beneficios de accesibilidad de la robótica y disipando conceptos erróneos. Además, es esencial abordar las barreras regulatorias y políticas al desarrollo y despliegue de tecnología robótica en accesibilidad para garantizar el acceso y la adopción equitativos de estas tecnologías. Además, es esencial capacitar a las personas con discapacidad para que utilicen dispositivos de asistencia robóticos de forma eficaz e independiente. Las intervenciones políticas, como incentivos de financiación, políticas de adquisiciones y estándares de accesibilidad, pueden fomentar la inversión en investigación y desarrollo de dispositivos de asistencia basados en robótica y garantizar que estas tecnologías satisfagan los requisitos de las personas con discapacidad. En conclusión, la tecnología robótica tiene el potencial de transformar la vida de las personas con discapacidad al brindarles soluciones innovadoras que mejoran la independencia, la movilidad y la calidad de vida. Además, los esfuerzos para promover principios de diseño universal y estándares de accesibilidad en el desarrollo de tecnología robótica son esenciales para garantizar que estas tecnologías sean utilizables y accesibles para personas con diversas capacidades y discapacidades. Dispositivos de asistencia robóticos, como robots de asistencia, sistemas domésticos inteligentes,y las prótesis y exoesqueletos robóticos, están permitiendo a las personas con discapacidad superar barreras físicas y participar más plenamente en la sociedad. Para garantizar que la tecnología robótica beneficie a todos los miembros de la sociedad, independientemente de su capacidad o discapacidad, mantengamos nuestro compromiso de promover el diseño inclusivo, el acceso equitativo y el uso ético de la tecnología a medida que continuamos avanzando en la accesibilidad de la robótica.

Mejora de la accesibilidad mediante la robótica de asistencia

De hecho, una cuestión crucial es la adaptación al cambiante panorama laboral, particularmente a la luz del auge de la robótica y la automatización. Considere estos puntos importantes: Más automatización: contrariamente a la creencia popular, la automatización y la robótica están cambiando la naturaleza del trabajo en lugar de reemplazar a los trabajadores. A medida que las empresas se vuelven más productivas y competitivas, una mayor automatización puede resultar en un aumento general de la contratación. Cambios en la gestión: la introducción de robots puede reducir la necesidad de gerentes, particularmente aquellos a cargo de empleados altamente calificados. Esto se debe a que los robots pueden reducir el error humano y aumentar la eficiencia. Mejora y recapacitación: los trabajadores necesitan mejorar y recapacitar para poder adaptarse a las nuevas tecnologías. Las tareas repetitivas o sencillas de resolución de problemas son las más susceptibles a la automatización.

> Colaboración entre humanos e IA: es esencial fomentar una cultura de aprendizaje continuo y reconocer la importancia de las habilidades humanas.

Será esencial adaptarse a una fuerza laboral híbrida en la que colaboran la IA y los humanos. La creación de nuevos puestos de trabajo: aunque la automatización puede eliminar algunos puestos de trabajo, se están creando nuevos roles que requieren diferentes conjuntos de habilidades.

Es fundamental asegurarse de que los trabajadores tengan las habilidades que necesitan para ocupar estos nuevos puestos. En pocas palabras, mejorar la productividad y la competitividad mediante el uso de la tecnología debería ser el objetivo principal, al igual que preparar a los empleados para los cambios provocados por la automatización y la robótica. Se trata de lograr un equilibrio entre el trabajo humano y los avances tecnológicos.

Capítulo 13: Explorando los límites de la creatividad mediante el uso de robots en el entretenimiento

La forma en que experimentamos e interactuamos con los medios de entretenimiento se ha transformado con la introducción de la tecnología robótica en la industria del entretenimiento, presagiando una nueva era de creatividad e innovación. Las atracciones y experiencias habilitadas con robótica cautivan al público y traspasan los límites de la narración y el entretenimiento inmersivo en todo, desde parques temáticos hasta presentaciones en vivo, cine, televisión y juegos. Una de las manifestaciones más obvias de la robótica en el entretenimiento se encuentra en los parques temáticos y las atracciones, donde los animatrónicos y los personajes robóticos dan vida a mundos de fantasía y crean experiencias inmersivas para los visitantes. En este capítulo, investigaremos el papel de la robótica en el entretenimiento y su impacto en la configuración del futuro de la industria del entretenimiento. La creación de entornos dinámicos y atractivos que transportan a los visitantes a mundos fantásticos y despiertan su imaginación es posible gracias a la tecnología robótica, que permite a los diseñadores de parques temáticos y a los Imagineers crear dinosaurios, criaturas, robots interactivos y figuras animatrónicas realistas. Además, los avances en la tecnología robótica, como el uso de sensores, actuadores y algoritmos de inteligencia artificial (IA), están haciendo posible que las atracciones de los parques temáticos se vuelvan más interactivas y receptivas a las aportaciones de los visitantes, lo que está mejorando la calidad general. experiencia de entretenimiento. Además, la tecnología robótica está revolucionando las producciones teatrales y las representaciones en vivo al permitir el desarrollo de personajes e intérpretes robóticos dinámicos y expresivos. Con fascinantes exhibiciones de movimiento, expresión y emoción, las actuaciones basadas en robótica traspasan los límites de lo que es posible en el entretenimiento en vivo con títeres, esculturas cinéticas, actores robóticos y bailarines. También desdibujan la línea entre humanos y máquinas. Además, la tecnología robótica está transformando la industria del cine y la televisión al permitir a los cineastas y creadores de contenido dar vida a mundos y personajes imaginarios con un realismo y detalle sin precedentes. Al aprovechar las capacidades de los robots, la tecnología robótica permite a los artistas y artistas explorar nuevas formas de expresión y narración. La tecnología robótica permite a los cineastas crear mundos inmersivos y creíbles que cautivan al público y provocan poderosas respuestas emocionales, desde criaturas animatrónicas y accesorios robóticos hasta personajes y efectos visuales mejorados con imágenes generadas por computadora (CGI). Además, la tecnología robótica está remodelando el panorama de los juegos al permitir la creación de experiencias inmersivas e interactivas que difuminan los límites entre los mundos virtual y físico. Además, la tecnología robótica está remodelando el panorama de los juegos al permitir el desarrollo de experiencias inmersivas e interactivas que difuminan los límites entre los mundos virtual y físico. Al proporcionar retroalimentación táctil, sensaciones hápticas,e interacción física con entornos virtuales, la tecnología robótica mejora el juego y la inmersión, desde periféricos y accesorios de juegos robóticos hasta experiencias de realidad aumentada (AR) y realidad virtual (VR). Además, las experiencias de juego basadas en robótica brindan a los jugadores oportunidades para participar en los juegos de maneras novedosas y emocionantes, como a través de interfaces controladas por movimiento, reconocimiento de gestos o comandos de voz. Por otro lado, a medida que la tecnología robótica avanza y se arraiga cada vez más en los medios de entretenimiento, también plantea importantes preocupaciones con respecto a la ética, la seguridad y el futuro del empleo en la industria del entretenimiento. Para garantizar que las experiencias basadas en la robótica sean inclusivas, respetuosas y culturalmente sensibles, es necesario considerar cuidadosamente las preocupaciones éticas relacionadas con el uso de la robótica en el entretenimiento, como el consentimiento, la privacidad y la representación. En conclusión, la tecnología robótica está revolucionando la industria del entretenimiento al ampliar los límites de la creatividad y la imaginación y crear nuevas oportunidades para experiencias inmersivas e interactivas. Para garantizar el funcionamiento seguro de atracciones y experiencias habilitadas con robótica en lugares de entretenimiento, son esenciales esfuerzos para abordar consideraciones de seguridad como evaluación de riesgos, protocolos de emergencia y capacitación de usuarios. Las atracciones y experiencias basadas en robótica están cautivando al público y transformando la forma en que experimentamos e interactuamos con los medios de entretenimiento, desde parques temáticos hasta presentaciones en vivo, películas, televisión y videojuegos. Es esencial fomentar la colaboración y la innovación entre ingenieros en robótica, profesionales de la industria del entretenimiento y artistas creativos para impulsar el desarrollo de experiencias de entretenimiento de vanguardia basadas en robótica mientras continuamos investigando la intersección de la tecnología y la imaginación en el entretenimiento. Sigamos comprometidos a promover el uso ético y responsable de la tecnología robótica y a garantizar que las experiencias basadas en la robótica enriquezcan e inspiren a audiencias de todo el mundo. Además, la tecnología robótica está democratizando el acceso a la creación y el consumo de entretenimiento al permitir que individuos y comunidades participen en la producción y distribución de contenidos. Podemos traspasar los límites de lo que es posible en el entretenimiento reuniendo experiencia de diversos campos como robótica, ingeniería, animación, narración y diseño. La tecnología en robótica brinda a los entusiastas y creadores la capacidad de experimentar con la robótica y crear sus propias experiencias y contenidos interactivos a través de plataformas en línea, redes sociales, comunidades de creadores y kits de robótica de bricolaje. Además, la tecnología robótica está impulsando la innovación en el marketing y la promoción del entretenimiento al permitir el desarrollo de experiencias interactivas y atractivas que captan la atención de la audiencia e impulsan el compromiso con la marca. Además,Las herramientas y plataformas basadas en robótica para la creación y distribución de contenidos permiten a los creadores llegar a audiencias globales y compartir sus creaciones con el mundo, democratizando el acceso al entretenimiento y fomentando la creatividad y la innovación en la era digital. Las marcas y los anunciantes pueden utilizar la tecnología robótica para crear experiencias memorables y compartibles que resuenen en los consumidores y cultiven la lealtad a la marca. Estas experiencias pueden incluir instalaciones inmersivas, campañas de marketing experiencial, mascotas robóticas y personajes. Además, las experiencias minoristas basadas en robótica, como pantallas interactivas y demostraciones de productos robóticos, mejoran la experiencia de compra y aumentan la participación del cliente y las ventas. Por otro lado, a medida que la tecnología robótica continúa revolucionando la industria del entretenimiento, también plantea importantes preocupaciones con respecto a la privacidad, la seguridad y el uso ético de la tecnología. Para garantizar la protección de los derechos e intereses de la audiencia, las experiencias de entretenimiento basadas en robótica deben abordar las preocupaciones relacionadas con la privacidad de los datos, la vigilancia y la recopilación y el uso de información personal. En conclusión, la tecnología robótica está transformando la industria del entretenimiento al ampliar los límites de la creatividad y la imaginación y crear nuevas oportunidades para experiencias inmersivas e interactivas. Además, los esfuerzos para abordar consideraciones de seguridad, como la evaluación de riesgos, el cumplimiento normativo y la educación de los usuarios, son esenciales para garantizar el funcionamiento seguro de las atracciones y experiencias habilitadas con robótica y minimizar el riesgo de accidentes o lesiones. Las atracciones y experiencias basadas en robótica están cautivando al público y remodelando la forma en que experimentamos e interactuamos con los medios de entretenimiento. Se pueden encontrar en todo, desde parques temáticos hasta actuaciones en vivo, cine, televisión, juegos y marketing. Mantengamos nuestro compromiso de promover el uso ético y responsable de la tecnología y garantizar que las experiencias basadas en la robótica enriquezcan e inspiren a las audiencias de todo el mundo mientras continuamos aprovechando el poder de la robótica en el entretenimiento. Para garantizar la protección de los derechos e intereses de la audiencia, las experiencias de entretenimiento basadas en robótica deben abordar las preocupaciones relacionadas con la privacidad de los datos, la vigilancia y la recopilación y el uso de información personal. En conclusión, la tecnología robótica está transformando la industria del entretenimiento al ampliar los límites de la creatividad y la imaginación y crear nuevas oportunidades para experiencias inmersivas e interactivas. Además, los esfuerzos para abordar consideraciones de seguridad, como la evaluación de riesgos, el cumplimiento normativo y la educación de los usuarios, son esenciales para garantizar el funcionamiento seguro de las atracciones y experiencias habilitadas con robótica y minimizar el riesgo de accidentes o lesiones. Las atracciones y experiencias basadas en robótica están cautivando al público y remodelando la forma en que experimentamos e interactuamos con los medios de entretenimiento. Se pueden encontrar en todo, desde parques temáticos hasta actuaciones en vivo, cine, televisión, juegos y marketing. Mantengamos nuestro compromiso de promover el uso ético y responsable de la tecnología y garantizar que las experiencias basadas en la robótica enriquezcan e inspiren a las audiencias de todo el mundo mientras continuamos aprovechando el poder de la robótica en el entretenimiento.Para garantizar la protección de los derechos e intereses de la audiencia, las experiencias de entretenimiento basadas en robótica deben abordar las preocupaciones relacionadas con la privacidad de los datos, la vigilancia y la recopilación y el uso de información personal. En conclusión, la tecnología robótica está transformando la industria del entretenimiento al ampliar los límites de la creatividad y la imaginación y crear nuevas oportunidades para experiencias inmersivas e interactivas. Además, los esfuerzos para abordar consideraciones de seguridad, como la evaluación de riesgos, el cumplimiento normativo y la educación de los usuarios, son esenciales para garantizar el funcionamiento seguro de las atracciones y experiencias habilitadas con robótica y minimizar el riesgo de accidentes o lesiones. Las atracciones y experiencias basadas en robótica están cautivando al público y remodelando la forma en que experimentamos e interactuamos con los medios de entretenimiento. Se pueden encontrar en todo, desde parques temáticos hasta actuaciones en vivo, cine, televisión, juegos y marketing. Mantengamos nuestro compromiso de promover el uso ético y responsable de la tecnología y garantizar que las experiencias basadas en la robótica enriquezcan e inspiren a las audiencias de todo el mundo mientras continuamos aprovechando el poder de la robótica en el entretenimiento.

De animatrónicos a artistas interactivos

Se puede observar un desarrollo significativo en las industrias del entretenimiento y la robótica en el cambio de la animatrónica a la robótica interactiva. Un resumen de esta transformación es el siguiente: El significado tradicional de "animatrónica" es "el uso de dispositivos mecánicos para animar figuras robóticas", que se encuentran frecuentemente en películas, parques de diversiones y otros lugares de entretenimiento.

Estas cifras pueden copiar tendencias similares, pero normalmente se limitan a actividades prepersonalizadas. Por el contrario, Interactive Performer Robotics crea robots que pueden interactuar con los humanos y su entorno en tiempo real incorporando tecnologías de vanguardia como sensores, cámaras e inteligencia artificial. Debido a esto, la actuación puede ser más dinámica y adaptable, pudiendo el robot responder a la audiencia o a los cambios en el entorno123. Por ejemplo, las figuras animatrónicas de los parques temáticos proporcionan movimientos realistas; sin embargo, la incorporación de la robótica ha hecho que estas atracciones sean mucho más adaptables, permitiendo reprogramar y actualizar el contenido sobre la marcha. Actualmente se están desarrollando robots para su uso en aplicaciones sociales, como educación, entretenimiento o vida asistida, fuera del ámbito del entretenimiento. El nuevo método de animación de personajes conocido como animación en robótica amplía el método tradicional al permitir que el movimiento animado se vuelva más interactivo y adaptable durante la interacción del usuario en entornos del mundo real. Artistas y desarrolladores de robots trabajan juntos para desarrollar características expresivas, emocionales y de diseño para robots que puedan interactuar de manera significativa con las personas. En general, el avance hacia la robótica interactiva, en la que los robots son a la vez actores y participantes en la interacción, indica un movimiento hacia la creación de experiencias de entretenimiento que sean más inmersivas y atractivas.

Capítulo 14 Comprender las complejidades de las aplicaciones militares a través de la robótica y la guerra

El panorama de la guerra y la seguridad contemporáneas se ha transformado con la incorporación de la tecnología robótica a las aplicaciones militares. Como resultado, han surgido nuevas capacidades y dificultades tanto para las fuerzas militares como para los responsables de las políticas. La tecnología robótica está cambiando la forma en que se realizan las operaciones militares y planteando importantes cuestiones éticas, legales y estratégicas.

Estos incluyen sistemas de armas autónomos, robots terrestres y drones de vigilancia. Los vehículos aéreos no tripulados (UAV), más comúnmente conocidos como drones, se han vuelto cada vez más frecuentes en operaciones militares de reconocimiento, vigilancia y ataques dirigidos. En este capítulo, examinaremos las complejidades e implicaciones de sus aplicaciones militares, así como el papel que desempeña la robótica en la seguridad y la guerra. Mientras que los drones de vigilancia brindan a los comandantes en el terreno inteligencia en tiempo real y conocimiento de la situación, los drones armados con municiones guiadas con precisión permiten a las fuerzas militares llevar a cabo ataques quirúrgicos contra objetivos enemigos con el menor riesgo para el personal y daños colaterales. Además, la tecnología robótica está revolucionando la guerra terrestre mediante el desarrollo de vehículos terrestres no tripulados (UGV) y sistemas robóticos para reconocimiento, vigilancia y apoyo al combate. Además, los avances en autonomía y algoritmos de inteligencia artificial están permitiendo que los drones operen de forma autónoma y colaborativa en enjambres, mejorando su efectividad y versatilidad en una amplia gama de misiones militares. Los UGV con sensores, cámaras y manipuladores pueden atravesar obstáculos, navegar por terrenos accidentados y realizar una variedad de tareas como remoción de minas, limpieza de rutas y eliminación de artefactos explosivos (EOD). Esto hace que las operaciones militares sean más seguras y eficientes. Además, la tecnología robótica está impulsando la innovación en la guerra naval mediante el desarrollo de embarcaciones de superficie no tripuladas (USV) y drones submarinos para vigilancia marítima, contramedidas contra minas y guerra antisubmarina. Además, los sistemas robóticos como los exoesqueletos robóticos y los vehículos de combate no tripulados (UCV) permiten a los soldados mejorar sus capacidades y superar las limitaciones físicas en el campo de batalla, mejorando su movilidad, resistencia y letalidad en combate. Para mejorar la seguridad marítima y las capacidades de defensa, los vehículos estadounidenses equipados con sensores, sonares y sistemas de comunicación pueden patrullar de forma autónoma las fronteras marítimas, monitorear las rutas marítimas e identificar y neutralizar amenazas submarinas. A medida que la tecnología robótica continúa avanzando y integrándose más en las operaciones militares, también plantea importantes consideraciones éticas, legales y estratégicas que deben abordarse cuidadosamente. Además, los drones submarinos equipados con cámaras y sensores permiten a las fuerzas navales realizar operaciones de reconocimiento, búsqueda y rescate submarinos y monitoreo ambiental en entornos submarinos que son peligrosos o inaccesibles para vehículos tripulados. Para garantizar que la guerra basada en robótica se lleve a cabo respetando los derechos humanos y los principios éticos, es necesario considerar cuidadosamente las preocupaciones éticas relacionadas con el uso de sistemas de armas autónomos. Estas preocupaciones incluyen cuestiones como la rendición de cuentas, la transparencia y el cumplimiento del derecho internacional humanitario (DIH). En conclusión, La tecnología robótica está remodelando el panorama de la guerra y la seguridad modernas, introduciendo nuevas capacidades y desafíos tanto para las fuerzas militares como para los responsables de la formulación de políticas. Para promover la estabilidad y la seguridad en un entorno de seguridad cada vez más complejo y disputado, son esenciales los esfuerzos para abordar las implicaciones estratégicas de la tecnología robótica, como las carreras armamentistas, la proliferación y la dinámica de escalada. La tecnología robótica está cambiando la forma en que se realizan las operaciones militares y planteando importantes cuestiones éticas, legales y estratégicas en todo, desde vehículos aéreos no tripulados y robots terrestres hasta sistemas de armas autónomos y drones submarinos. Los esfuerzos para abordar las implicaciones éticas, legales y estratégicas de la robótica en la guerra requieren colaboración y coordinación entre líderes militares, formuladores de políticas, especialistas en ética, expertos legales y organizaciones de la sociedad civil. Mantengamos nuestro compromiso de promover el uso responsable y ético de la tecnología y garantizar que las aplicaciones militares basadas en robótica contribuyan a la paz, la seguridad y la estabilidad en el sistema internacional mientras continuamos navegando por las complejidades de la robótica en la guerra. El desarrollo de normas, directrices y regulaciones que rigen el desarrollo, despliegue y uso de tecnologías militares basadas en robótica, así como la observancia del derecho internacional y los estándares de derechos humanos, requieren diálogo y cooperación internacionales. Además, los esfuerzos para promover la innovación responsable y la gestión de riesgos en el desarrollo y despliegue de tecnologías militares basadas en robótica son esenciales para garantizar la seguridad, confiabilidad y eficacia de estos sistemas. Además, los esfuerzos para promover la transparencia, la rendición de cuentas y los mecanismos de supervisión de las operaciones militares basadas en robótica son esenciales para generar confianza entre las partes interesadas y minimizar el riesgo de consecuencias no deseadas o el uso indebido de estas tecnologías. Para evaluar el rendimiento y la confiabilidad de las tecnologías militares basadas en robótica en una variedad de condiciones operativas e identificar y mitigar riesgos y vulnerabilidades potenciales, se requieren procedimientos sólidos de prueba, evaluación y validación. Además, los esfuerzos para promover la colaboración entre humanos y máquinas y la toma de decisiones en la guerra son esenciales para aprovechar las fortalezas tanto de los humanos como de las máquinas y al mismo tiempo mitigar las limitaciones y los riesgos de los sistemas autónomos. Además, los esfuerzos para abordar las amenazas y vulnerabilidades de la ciberseguridad en los sistemas militares basados en robótica son esenciales para proteger contra el acceso no autorizado, la manipulación o la explotación de estas tecnologías por parte de los adversarios. Para que los sistemas de armas autónomos funcionen según los valores humanos y los principios éticos y prevengan daños o usos indebidos no intencionados, se necesitan mecanismos de supervisión y control humanos. La integración de la tecnología robótica en aplicaciones militares está remodelando el panorama de la guerra y la seguridad modernas.introduciendo nuevas capacidades y desafíos tanto para las fuerzas militares como para los responsables de la formulación de políticas. Además, los esfuerzos para promover la formación de equipos y la colaboración entre humanos y máquinas, como los programas de capacitación y educación para el personal militar, son esenciales para mejorar la eficacia y la resiliencia de las fuerzas militares en un entorno operativo que se está volviendo cada vez más complejo y dinámico. La tecnología robótica está cambiando la forma en que se realizan las operaciones militares y planteando importantes cuestiones éticas, legales y estratégicas en todo, desde vehículos aéreos no tripulados y robots terrestres hasta sistemas de armas autónomos y drones submarinos. Mantengamos nuestro compromiso de promover el uso responsable y ético de la tecnología y garantizar que las aplicaciones militares basadas en robótica contribuyan a la paz, la seguridad y la estabilidad en el sistema internacional mientras continuamos navegando por las complejidades de la robótica en la guerra.

Analizando la contribución de la robótica a las estrategias de defensa

Debido a que proporciona una variedad de capacidades que mejoran las operaciones militares, la robótica se ha convertido en un componente esencial de las estrategias de defensa contemporáneas. Las siguientes son algunas contribuciones importantes de la robótica a la defensa: Vigilancia y reconocimiento mejorados: la tecnología detrás de la robótica ha hecho que sea mucho más fácil llevar a cabo la vigilancia y el reconocimiento. Estas misiones ahora utilizan datos e inteligencia en tiempo real recopilados desde lugares lejanos o riesgosos. Los ataques de combate y de precisión son posibles gracias a sistemas no tripulados como los drones, que reducen el riesgo para el personal militar. Al tiempo que minimizan los daños colaterales, pueden atacar objetivos con gran precisión. Gestión de la logística y la cadena de suministro El uso de robots, la logística y las operaciones de la cadena de suministro se pueden optimizar para garantizar que las tropas en el campo reciban suministros y equipos de manera efectiva. Eliminación de artefactos explosivos (EOD): los robots se utilizan con frecuencia para tareas EOD porque permiten identificar y eliminar de forma segura amenazas explosivas sin poner vidas en riesgo. Socorro en casos de desastre y asistencia humanitaria: los robots pueden brindar ayuda y apoyo en áreas afectadas por desastres donde los humanos pueden ser demasiado riesgosos para operar. Esto puede ser una parte importante de las misiones humanitarias. Vehículos autónomos y tanques no tripulados: el desarrollo de vehículos autónomos y tanques no tripulados está remodelando el campo de batalla, brindando nuevas opciones tácticas y disminuyendo la necesidad de soldados humanos en combate directo. Cuestiones éticas y legales: El auge de la robótica militar también plantea varias cuestiones éticas y legales. Estas cuestiones incluyen la necesidad de reglas claras de enfrentamiento y el uso de sistemas de armas autónomos letales. A medida que las naciones navegan por las complejidades de esta tecnología que avanza rápidamente, la proliferación de la robótica en el ejército tiene implicaciones para las relaciones internacionales y el control de armas. Los tres elementos de objetivos, medios y amenazas se tienen en cuenta en la visión estratégica militar de la robótica. Enfatiza la importancia de incorporar la robótica a la educación y el entrenamiento militar2 y la necesidad de niveles de planificación políticos, estratégicos, operativos y tácticos. Puede consultar artículos e informes académicos que analizan las implicaciones estratégicas de la robótica en contextos militares para obtener un análisis más profundo. La robótica y los sistemas autónomos (RAS) serán cruciales para el desarrollo de futuras capacidades militares a medida que sigan evolucionando.

Capítulo 15: Del compañerismo a la convivencia: la dirección de la interacción hombre-robot en el futuro

El futuro de la interacción entre humanos y robots encierra una enorme promesa para transformar la forma en que vivimos, trabajamos e interactuamos con la tecnología, a medida que la tecnología robótica continúa avanzando. Los robots tienen el potencial de desempeñar papeles cada vez más importantes en nuestra vida cotidiana, desde ser compañeros y cuidadores hasta colaborar con humanos en diversos campos.

Uno de los aspectos más intrigantes del futuro de la interacción entre humanos y robots es el potencial de los robots para servir como compañeros y cuidadores de los humanos, particularmente en contextos como la atención médica, el cuidado de personas mayores y el apoyo a la salud mental. En este capítulo, examinaremos el panorama cambiante de la interacción entre humanos y robots y el potencial de los humanos y los robots para coexistir armoniosamente en la sociedad. Los robots sociales equipados con algoritmos de procesamiento del lenguaje natural, reconocimiento emocional y empatía han hecho posible que los robots interactúen con los humanos de maneras más naturales e intuitivas, permitiéndoles brindar compañía, asistencia y apoyo emocional a quienes lo necesitan. Además, los robots se están incorporando cada vez más a una variedad de aspectos de la vida diaria, desde la asistencia personal y el entretenimiento hasta las tareas domésticas y los recados, lo que puede ayudar a abordar el aislamiento social y la soledad entre poblaciones vulnerables como los ancianos y las personas con discapacidad. Los dispositivos inteligentes y asistentes robóticos con inteligencia artificial y funciones de automatización pueden optimizar las rutinas diarias, administrar tareas y horarios y aumentar la productividad y la eficiencia en el hogar y el trabajo. Además, el futuro de la interacción entre humanos y robots promete colaboración y coexistencia entre humanos y robots en diversos ámbitos, incluidos la industria, la educación y la investigación. Además, podemos anticipar una proliferación de servicios y aplicaciones basados en robótica en áreas como el comercio minorista, la hotelería, el transporte y el servicio al cliente, transformando la forma en que interactuamos con la tecnología y accedemos a bienes y servicios. Con sensores y algoritmos de inteligencia artificial (IA), los robots colaborativos (cobots) pueden colaborar con los humanos en la fabricación, la logística y otros entornos industriales para aumentar la productividad y la seguridad en el trabajo. A medida que los humanos y los robots interactúan y coexisten cada vez más en la sociedad, es esencial abordar consideraciones importantes relacionadas con la ética, la privacidad y el impacto social. Además, los robots se utilizan cada vez más en entornos educativos para apoyar el aprendizaje y el desarrollo de habilidades, proporcionando a los estudiantes de materias STEM y otras disciplinas experiencias interactivas y prácticas. Para garantizar que la tecnología robótica se desarrolle y utilice de manera coherente con los valores humanos y los principios éticos, es necesario considerar cuidadosamente las preocupaciones relativas al uso ético de los robots en diversos contextos, como la autonomía, la responsabilidad y la transparencia. En conclusión, el futuro de la interacción entre humanos y robots tiene un enorme potencial para transformar la forma en que vivimos, trabajamos e interactuamos con la tecnología. Además, los esfuerzos por abordar cuestiones de privacidad, como la seguridad de los datos, la vigilancia y el consentimiento, son esenciales para proteger los derechos individuales. Los robots tienen el potencial de desempeñar papeles cada vez más importantes en nuestra vida cotidiana, desde ser compañeros y cuidadores hasta colaborar con humanos en diversos campos. Además,Los esfuerzos para promover la inclusión y la accesibilidad en la interacción entre humanos y robots son esenciales para garantizar que la tecnología robótica beneficie a todos los miembros de la sociedad, independientemente de su edad, capacidad o procedencia. Sigamos comprometidos a promover el uso responsable y ético de la tecnología y a garantizar que los humanos y los robots puedan coexistir armoniosamente en la sociedad mientras continuamos explorando las posibilidades de la interacción entre humanos y robots. Promover el acceso equitativo y la participación en las interacciones entre humanos y robots requiere la creación de robots e interfaces que sean comprensibles, fáciles de usar y accesibles para personas con una variedad de requisitos y preferencias. Además, fomentar una cultura de innovación responsable y gestión en el desarrollo y despliegue de tecnología robótica es esencial para abordar las preocupaciones de la sociedad y garantizar que los beneficios de la interacción entre humanos y robots superen los riesgos y desafíos. Además, los esfuerzos para abordar las disparidades en el acceso a la tecnología robótica, como la asequibilidad, la disponibilidad y la alfabetización digital, son esenciales para garantizar que todas las personas tengan la oportunidad de beneficiarse del potencial de la tecnología robótica para mejorar sus vidas y su bienestar. Para identificar y abordar consideraciones éticas, legales y sociales asociadas con la interacción entre humanos y robots, las partes interesadas (como investigadores, ingenieros, formuladores de políticas, especialistas en ética y organizaciones de la sociedad civil) deben colaborar y comunicarse entre sí. Además, es esencial establecer marcos de gobernanza y regulación que garanticen el uso responsable y ético de la tecnología robótica a medida que los humanos y los robots interactúan y colaboran cada vez más en diversos ámbitos. Esto se debe a que los esfuerzos por involucrar al público en debates sobre las implicaciones de la tecnología robótica y empoderar a las personas para que participen en los procesos de toma de decisiones son esenciales para promover la transparencia, la rendición de cuentas y la confianza en el desarrollo y uso de la tecnología robótica. El desarrollo, implementación y uso de la tecnología robótica se rigen por pautas, estándares y políticas que abordan consideraciones importantes como la seguridad, la privacidad y la responsabilidad. Los órganos reguladores y los responsables de la formulación de políticas desempeñan un papel crucial en este proceso. En conclusión, el futuro de la interacción entre humanos y robots encierra una enorme promesa para transformar la forma en que vivimos, trabajamos e interactuamos con la tecnología. Armonizar regulaciones y normas a través de las fronteras y promover estándares globales para el uso ético de la tecnología robótica requiere cooperación y colaboración internacionales. Los robots tienen el potencial de desempeñar papeles cada vez más importantes en nuestra vida cotidiana, desde ser compañeros y cuidadores hasta colaborar con humanos en diversos campos. Sigamos comprometidos a promover el uso responsable y ético de la tecnología y a garantizar que los humanos y los robots puedan coexistir armoniosamente en la sociedad.enriquecer nuestras vidas y promover nuestros objetivos compartidos de progreso y bienestar mientras continuamos investigando las posibilidades de la interacción entre humanos y robots.

Análisis de la dinámica de las relaciones entre personas y robots

La interacción humano-robot (HRI) abarca varios aspectos fascinantes e intrincados de la dinámica de las relaciones entre humanos y robots. Comprender cómo los humanos perciben, interactúan y se relacionan con los robots en diversos contextos es el núcleo de este campo interdisciplinario. Al analizar esta dinámica, las siguientes son algunas consideraciones importantes que hacen los investigadores: El antropomorfismo es la idea de que los robots tienen características humanas.

El nivel de antropomorfismo de un robot puede tener un impacto significativo en la forma en que las personas interactúan con él. El término "robótica de asistencia" (AR) se refiere a robots que están diseñados para ayudar a los humanos de diversas formas, como en su bienestar físico, social, mental y emocional. La dinámica de la relación puede verse afectada por el desempeño de estos robots en sus roles. Autonomía: el nivel de confianza de las personas en los sistemas robóticos puede verse afectado por el nivel de autonomía de un robot o su capacidad para operar de forma independiente. Puntos de referencia: Para el desarrollo de HRI, es esencial establecer estándares para el rendimiento, la seguridad y las consideraciones éticas de los robots. Realización: dado que los robots son objetos del mundo real, su diseño y forma pueden influir en la forma en que las personas interactúan con ellos. La medida fisiológica conocida como respuesta galvánica de la piel (GSR) se puede utilizar para evaluar el estado emocional de una persona que interactúa con un robot y proporcionar información sobre la dinámica de la relación. Interacción persona-computadora (HCI): mientras que HRI examina específicamente la dinámica entre humanos y robots físicamente encarnados1, HCI se centra en la interacción entre humanos y computadoras. Robótica de asistencia social (SAR): este campo estudia robots que ayudan a las personas interactuando con ellas socialmente en lugar de físicamente. Esto puede ser importante para el cuidado y la educación de las personas mayores. El término "robots socialmente interactivos" (SIR) se refiere a robots que interactúan con humanos a través de interacciones sociales, como comunicarse con ellos, expresar sus sentimientos y aprender sus señales sociales. El objetivo de la investigación es desarrollar modelos de comportamiento humano que puedan anticipar y mejorar las interacciones con los robots. Para que HRI tenga éxito, estos modelos deben ser precisos y completos para garantizar la seguridad, el desempeño y la satisfacción de los empleados. Los estudios también muestran que las personas desarrollan vínculos más fuertes con los robots que controlan, lo que puede tener un impacto en cómo se fabrican los robots semiautónomos y en qué tan bien funcionan. En conclusión, para mejorar el diseño y la interacción de sistemas robóticos con humanos, se requiere un enfoque multidisciplinario que tenga en cuenta factores psicológicos, sociológicos y tecnológicos para analizar la dinámica de las relaciones entre humanos y robots.

Capítulo 16: Tecnología mecánica y preservación ecológica: salvaguardar la naturaleza con arreglos innovadores

Para abordar cuestiones ecológicas urgentes y proteger el mundo natural para las generaciones futuras, incorporar la tecnología robótica a los esfuerzos de conservación ambiental es una opción prometedora. La tecnología robótica proporciona soluciones innovadoras para la gestión ambiental sostenible, que incluye reducir la contaminación y prevenir la destrucción del hábitat, así como monitorear los ecosistemas y la vida silvestre.

Una de las principales aplicaciones de la tecnología robótica en la conservación ambiental es el monitoreo y manejo de ecosistemas y hábitats de vida silvestre. En este capítulo, examinaremos el papel de la robótica en la conservación del medio ambiente y el potencial de las soluciones tecnológicas para contribuir a la preservación de la naturaleza. Los paisajes naturales se pueden estudiar y cartografiar con la ayuda de vehículos aéreos no tripulados (UAV) equipados con cámaras, sensores y tecnologías de detección remota. También se pueden utilizar para monitorear cambios en la vegetación y las poblaciones de vida silvestre. Además, los drones submarinos y los vehículos submarinos autónomos (AUV) permiten a los investigadores explorar y monitorear ecosistemas marinos, evaluar arrecifes de coral y estudiar la biodiversidad submarina en lugares inaccesibles. Además, la tecnología robótica está remodelando el proceso mediante el cual se recopilan y analizan datos ambientales, haciendo posible que los investigadores recopilen grandes cantidades de datos de alta calidad de una manera más efectiva y precisa que nunca. Las estaciones autónomas de monitoreo ambiental equipadas con sensores para medir la calidad del aire y el agua, la temperatura, la humedad y otros parámetros ambientales pueden proporcionar datos en tiempo real sobre la salud de los ecosistemas y las condiciones ambientales. Esto permite detectar antes la contaminación, la degradación del hábitat y otras amenazas a la biodiversidad. Además, la tecnología robótica se está utilizando en la lucha contra la contaminación ambiental y la destrucción del hábitat, brindando soluciones innovadoras para limpiar sitios contaminados, mitigar los efectos de los derrames de petróleo y restaurar ecosistemas degradados. Además, los algoritmos de análisis de datos impulsados por IA son capaces de procesar y analizar grandes cantidades de datos ambientales, identificando patrones, tendencias y anomalías que pueden informar las estrategias de conservación y la toma de decisiones. Es posible utilizar sistemas robóticos, como drones y vehículos terrestres no tripulados (UGV) con sensores y herramientas de muestreo, para encontrar y monitorear fuentes de contaminación, evaluar daños ambientales y recolectar muestras para análisis y remediación. Además, los esfuerzos de reforestación y revegetación en áreas afectadas por la deforestación, los incendios forestales y la degradación de la tierra son posibles gracias a plataformas robóticas para la restauración del hábitat, como sistemas autónomos de dispersión de semillas y drones de siembra. Si bien la tecnología robótica es muy prometedora para la conservación del medio ambiente, también plantea importantes cuestiones y desafíos relacionados con la ética, la gobernanza y las consecuencias no deseadas de las intervenciones tecnológicas. Para garantizar que las soluciones tecnológicas respeten los derechos humanos y los valores culturales y contribuyan a resultados equitativos y sostenibles, es necesario considerar cuidadosamente las preocupaciones sobre el uso ético de la robótica en la conservación ambiental, incluidas las preocupaciones sobre la privacidad, la autonomía y los derechos de los pueblos indígenas. comunidades. En conclusión,La tecnología robótica tiene el potencial de revolucionar los esfuerzos de conservación ambiental al proporcionar soluciones innovadoras para monitorear, gestionar y restaurar ecosistemas y hábitats de vida silvestre. Para promover el uso responsable y ético de la tecnología robótica en la conservación del medio ambiente, son esenciales los esfuerzos para abordar los desafíos regulatorios y políticos, como la responsabilidad, la rendición de cuentas y los derechos de propiedad intelectual. Las tecnologías de conservación ambiental basadas en la robótica brindan nuevas oportunidades para la gestión ambiental sostenible, que van desde el estudio de paisajes y el seguimiento de la biodiversidad hasta la limpieza de la contaminación y la restauración de ecosistemas degradados. Además, los esfuerzos para promover la colaboración y la asociación entre las partes interesadas, incluidos investigadores, conservacionistas, formuladores de políticas, comunidades locales y desarrolladores de tecnología, son esenciales para maximizar el impacto de la tecnología robótica en la conservación ambiental. Mantengamos nuestro compromiso de promover el uso responsable y ético de la tecnología y garantizar que las soluciones tecnológicas contribuyan a la preservación de la naturaleza y el bienestar de las generaciones actuales y futuras. Podemos desarrollar e implementar estrategias de conservación basadas en robótica que sean contextualmente relevantes, culturalmente sensibles y socialmente inclusivas fomentando la colaboración interdisciplinaria y el intercambio de conocimientos. Además, los esfuerzos para promover la innovación y el espíritu empresarial en el desarrollo y la implementación de tecnología robótica para la conservación del medio ambiente son esenciales para desbloquear nuevas oportunidades y ampliar las iniciativas exitosas. Además, los esfuerzos para involucrar y empoderar a las comunidades locales en los esfuerzos de conservación, como las iniciativas de ciencia ciudadana y el monitoreo participativo, son esenciales para generar propiedad comunitaria y apoyo a los objetivos de conservación y garantizar la sostenibilidad a largo plazo de las intervenciones de conservación. Los incentivos, subvenciones y premios para la investigación en robótica y la innovación en conservación ambiental pueden fomentar la inversión en tecnologías y soluciones prometedoras y estimular la creatividad. Además, los esfuerzos para abordar los desafíos de creación de capacidad y transferencia de tecnología en la adopción y despliegue de tecnología robótica para la conservación del medio ambiente son esenciales para garantizar que las soluciones tecnológicas lleguen a quienes más las necesitan. Además, las iniciativas para promover la comercialización de la investigación en robótica y la transferencia de tecnología pueden facilitar la traducción de los descubrimientos científicos en aplicaciones prácticas que beneficien a la sociedad y contribuyan a la sostenibilidad ambiental. La capacidad de utilizar la tecnología robótica de manera efectiva en actividades de conservación se puede desarrollar a través de programas de capacitación y educación para profesionales, técnicos y comunidades locales de la conservación.La adopción y adaptación de la tecnología robótica en diversos contextos ambientales y regiones también puede verse facilitada por iniciativas de transferencia de tecnología, como asociaciones entre instituciones de investigación, desarrolladores de tecnología y organizaciones conservacionistas. Además, la conciencia pública y la participación en la conservación ambiental mediante robótica son esenciales para obtener apoyo e impulso para los objetivos e iniciativas de conservación. Las campañas de divulgación y comunicación que resaltan el papel de la tecnología robótica en las historias exitosas de conservación, resaltan soluciones innovadoras y mejores prácticas e involucran al público en general en actividades relacionadas con la ciencia ciudadana y la conservación pueden generar conciencia sobre los problemas ambientales y motivar la acción y la participación. Además, la tecnología robótica tiene el potencial de revolucionar los esfuerzos de conservación ambiental al proporcionar soluciones novedosas para monitorear, gestionar y restaurar ecosistemas y hábitats de vida silvestre. En conclusión, la tecnología robótica tiene el potencial de revolucionar los esfuerzos de conservación ambiental al proporcionar soluciones innovadoras para monitorear, gestionar y restaurar ecosistemas y hábitats de vida silvestre. Las tecnologías de conservación ambiental basadas en la robótica brindan nuevas oportunidades para la gestión ambiental sostenible, que van desde el estudio de paisajes y el seguimiento de la biodiversidad hasta la limpieza de la contaminación y la restauración de ecosistemas degradados. Mantengamos nuestro compromiso de promover el uso responsable y ético de la tecnología y garantizar que las soluciones tecnológicas contribuyan a la preservación de la naturaleza y el bienestar de las generaciones actuales y futuras mientras continuamos utilizando la robótica para conservar el medio ambiente.que van desde el estudio de paisajes y el seguimiento de la biodiversidad hasta la limpieza de la contaminación y la restauración de ecosistemas degradados. Mantengamos nuestro compromiso de promover el uso responsable y ético de la tecnología y garantizar que las soluciones tecnológicas contribuyan a la preservación de la naturaleza y el bienestar de las generaciones actuales y futuras mientras continuamos utilizando la robótica para conservar el medio ambiente.que van desde el estudio de paisajes y el seguimiento de la biodiversidad hasta la limpieza de la contaminación y la restauración de ecosistemas degradados. Mantengamos nuestro compromiso de promover el uso responsable y ético de la tecnología y garantizar que las soluciones tecnológicas contribuyan a la preservación de la naturaleza y el bienestar de las generaciones actuales y futuras mientras continuamos utilizando la robótica para conservar el medio ambiente.

Utilización de robots para actividades de conservación

Los esfuerzos de conservación están incorporando cada vez más el uso de robots para abordar una variedad de cuestiones ambientales. Puede encontrar una descripción general de cómo los robots están ayudando a los esfuerzos de conservación aquí: Monitoreo de especies y recopilación de datos La recopilación de datos sobre especies y hábitats está siendo transformada por robots, en particular drones y vehículos submarinos autónomos (AUV). Son capaces de navegar por terrenos difíciles y remotos y recopilar datos sobre poblaciones, salud y comportamiento de especies sin intervención humana, lo cual es esencial para ecosistemas delicados.

Contribución a la polinización Los polinizadores robóticos se han desarrollado en respuesta a la disminución de los polinizadores naturales como las abejas. Para mantener las poblaciones de plantas y la diversidad genética dentro de los ecosistemas, estos robots actúan de manera similar a las abejas. Sin embargo, la tecnología aún está en sus inicios y aún se están evaluando sus efectos potenciales sobre el medio ambiente a largo plazo. Control de especies invasoras Además, se están utilizando robots para localizar y erradicar especies invasoras de los ecosistemas. Esto favorece la supervivencia de las especies nativas y el equilibrio ambiental. Limpieza del medio ambiente La limpieza de áreas contaminadas, como playas y derrames de petróleo, cuenta con la ayuda de robots, lo que reduce el impacto de los desastres ambientales. Robots basados en la biología Los robots bioinspirados están diseñados para funcionar en entornos naturales con pocas interrupciones. En los esfuerzos de conservación, pueden realizar actividades como exploración, recopilación de datos, intervención y mantenimiento. Debido a que están diseñados para moverse y sentir como animales, estos robots son herramientas de conservación no invasivas y duraderas. La aplicación de la robótica a la conservación es un desarrollo prometedor en las ciencias ambientales porque proporciona estrategias novedosas para preservar la biodiversidad y mejorar la salud de los ecosistemas. Se prevé que el uso de estas herramientas robóticas en los esfuerzos de conservación ampliará su alcance y eficacia a medida que avance la tecnología, transformando el campo.

Capítulo 17: Reconstrucción de comunidades después de desastres con innovaciones robóticas en la recuperación de desastres

La tecnología robótica está adquiriendo cada vez más importancia en los esfuerzos de recuperación ante desastres naturales y crisis humanitarias. Ofrece soluciones innovadoras para una respuesta rápida, evaluación de daños y reconstrucción resiliente. Los robots están cambiando la forma en que las comunidades se recuperan y reconstruyen después de los desastres, desde la búsqueda y el rescate hasta la reparación de infraestructuras y la remoción de escombros. Una de las aplicaciones más importantes de la tecnología robótica en la recuperación de desastres son las operaciones de búsqueda y rescate, donde los robots equipados con sensores, cámaras y sistemas de comunicación pueden navegar en entornos peligrosos y localizar a los sobrevivientes atrapados en edificios derrumbados, escombros o escombros. En este capítulo, examinaremos el papel de las innovaciones robóticas en la recuperación de desastres, así como su impacto en la reconstrucción de comunidades y la restauración de medios de vida.

Los robots terrestres y los vehículos aéreos no tripulados (UAV) con imágenes térmicas, LiDAR y otras tecnologías de detección pueden inspeccionar áreas afectadas por desastres, localizar señales de vida y proporcionar información vital a los equipos de rescate, haciendo que las operaciones de búsqueda y rescate sean más efectivas y eficientes. Además, los robots especializados, como los robots con forma de serpiente y los vehículos submarinos no tripulados (UUV), pueden acceder a lugares reducidos y entornos submarinos, lo que facilita que los equipos de búsqueda y rescate trabajen en terrenos difíciles. Además, la tecnología robótica está revolucionando la evaluación de daños en regiones afectadas por desastres al permitir evaluar de forma rápida y precisa los daños a la infraestructura y los peligros ambientales. Se pueden utilizar cámaras de alta resolución y sensores LiDAR en drones de teledetección para buscar edificios, puentes, carreteras y otras infraestructuras críticas dañadas. Luego, los drones proporcionan a los ingenieros y planificadores mapas 3D detallados y modelos digitales que les ayudan a determinar qué tan fuerte es la estructura y qué reparaciones deben hacerse primero. Además, la tecnología robótica se está utilizando en operaciones de remoción y limpieza de escombros después de desastres, ofreciendo soluciones eficientes y seguras para limpiar escombros, restaurar el acceso a infraestructura crítica y preparar sitios para la reconstrucción. Además, los sensores y sistemas de monitoreo robóticos pueden detectar y evaluar peligros ambientales como derrames químicos, fugas de radiación y contaminación del aire y el agua. Esto permite una respuesta oportuna y medidas de mitigación para proteger la salud y la seguridad públicas. Utilizando manipuladores y herramientas de demolición, plataformas robóticas como vehículos terrestres no tripulados (UGV) y drones pueden limpiar escombros, excavar sitios en entornos peligrosos e inestables y eliminar escombros, acelerando el proceso de limpieza. Además, las topadoras y excavadoras autónomas, sistemas robóticos que pueden mover tierra y preparar un sitio, permiten reconstruir rápidamente instalaciones e infraestructuras en zonas afectadas por desastres. Sin embargo, si bien la tecnología robótica es muy prometedora para mejorar los esfuerzos de recuperación de desastres, también plantea importantes cuestiones éticas, de seguridad y de impacto humano. Para garantizar que las intervenciones basadas en robótica respeten la dignidad humana y promuevan el bienestar humano, es necesario considerar cuidadosamente las preocupaciones éticas sobre el uso de robots en la respuesta a desastres, como la privacidad, el consentimiento y los derechos de las poblaciones afectadas. En conclusión, la tecnología robótica está transformando los esfuerzos de recuperación de desastres al brindar soluciones innovadoras para búsqueda y rescate, evaluación de daños, remoción de escombros y reconstrucción en áreas afectadas por desastres. Además, los esfuerzos para abordar las consideraciones de seguridad, como la evaluación de riesgos, la capacitación y los protocolos de colaboración, son esenciales para garantizar la implementación segura y eficaz de la tecnología robótica en las operaciones de recuperación de desastres. Los robots están ayudando a las comunidades a recuperarse y reconstruirse después de los desastres de diversas maneras.incluyendo reducir el riesgo, salvar vidas y acelerar los esfuerzos de recuperación y reconstrucción. Mantengamos nuestro compromiso de promover el uso responsable y ético de la tecnología y garantizar que las intervenciones basadas en la robótica contribuyan a la construcción de comunidades resilientes y al restablecimiento de la esperanza y la estabilidad frente a la adversidad mientras continuamos aprovechando el poder de la robótica en recuperación de desastres. Para que la tecnología robótica tenga el mayor impacto en la recuperación de desastres, es esencial hacer esfuerzos para fomentar la colaboración y la coordinación entre diversas partes interesadas, como agencias gubernamentales, organizaciones humanitarias, desarrolladores de tecnología y comunidades locales. Las partes interesadas pueden desarrollar estrategias integrales y eficientes de respuesta y recuperación ante desastres fomentando asociaciones e intercambio de conocimientos. Esto les permitirá aprovechar las habilidades y capacidades de una variedad de actores. Además, los esfuerzos para promover la innovación y el espíritu empresarial en el desarrollo y la implementación de tecnología robótica para la recuperación de desastres son esenciales para desbloquear nuevas oportunidades y ampliar las iniciativas exitosas. Además, los esfuerzos para involucrar y empoderar a las comunidades locales en los esfuerzos de preparación y respuesta ante desastres, como iniciativas de gestión de desastres y programas de capacitación basados en la comunidad, son esenciales para desarrollar la resiliencia y promover la autosuficiencia frente a los desastres. Los incentivos, subvenciones y premios para la investigación y la innovación en robótica en la respuesta y recuperación ante desastres pueden fomentar la inversión en tecnologías y soluciones prometedoras, así como estimular la creatividad. Además, los esfuerzos para abordar los obstáculos normativos y políticos en la adopción y el despliegue de tecnología robótica para la recuperación de desastres son esenciales para garantizar que las soluciones tecnológicas se implementen de forma segura, ética y eficaz. Además, las iniciativas para promover la transferencia de tecnología y el desarrollo de capacidades en regiones afectadas por desastres pueden ayudar a desarrollar experiencia y capacidad locales para utilizar la robótica en los esfuerzos de recuperación de desastres. Las directrices y los marcos regulatorios para el uso de tecnología robótica en la respuesta y recuperación ante desastres pueden ayudar a mitigar los riesgos de consecuencias no deseadas y el uso indebido de la tecnología, proteger los derechos y la dignidad de las poblaciones afectadas y garantizar el cumplimiento de las normas de seguridad. Además, los esfuerzos para aumentar la conciencia pública y la participación en la recuperación de desastres mediante robótica son esenciales para generar apoyo e impulso para los esfuerzos de preparación y respuesta ante desastres. Además, son esenciales los esfuerzos para promover normas globales para el uso responsable y ético de la tecnología robótica en la recuperación de desastres. Es posible crear conciencia sobre los riesgos de desastres y fomentar medidas proactivas para mitigar su impacto a través de campañas de divulgación y educación que destaquen el papel de la tecnología robótica en la respuesta y recuperación ante desastres.mostrar soluciones innovadoras y mejores prácticas, e involucrar al público en actividades de voluntariado y promoción. En conclusión, la tecnología robótica tiene el potencial de transformar los esfuerzos de recuperación de desastres al brindar soluciones innovadoras para búsqueda y rescate, evaluación de daños, remoción de escombros y reconstrucción en áreas afectadas por desastres. Además, los esfuerzos para promover la alfabetización digital y el dominio tecnológico entre audiencias diversas pueden capacitar a las personas para utilizar la tecnología robótica para la preparación, respuesta y recuperación ante desastres en sus comunidades. Los robots están ayudando a las comunidades a recuperarse y reconstruirse después de desastres de diversas maneras, incluida la reducción de riesgos, salvando vidas y acelerando los esfuerzos de recuperación y reconstrucción. Mantengamos nuestro compromiso de promover el uso responsable y ético de la tecnología y garantizar que las intervenciones basadas en la robótica contribuyan a la construcción de comunidades resilientes y al restablecimiento de la esperanza y la estabilidad frente a la adversidad mientras continuamos aprovechando el poder de la robótica en recuperación de desastres.

Utilizar la tecnología para reconstruir después de un desastre

Después de un desastre, los esfuerzos de reconstrucción dependen en gran medida de la tecnología. Las siguientes son algunas aplicaciones de la tecnología: Datos satelitales: Las imágenes satelitales pueden ser esenciales para determinar el alcance del daño y planificar la reconstrucción. Por ejemplo, los planes de reurbanización en Sulawesi, Indonesia, se guiaron por datos satelitales tras el terremoto y tsunami de 2018. Reconstrucción de infraestructura: la idea de "reconstruir mejor" implica el uso de tecnología para fortalecer la resistencia de la infraestructura a futuras catástrofes. Para reducir los daños causados por las inundaciones, esto puede implicar diseñar carreteras que absorban agua.

- Tecnología de construcción: Se puede lograr que los procedimientos de reconstrucción se realicen de manera más fluida y en menos tiempo mediante el uso de automatización y otras tecnologías de construcción.

- Conciencia creada por el hombre (inteligencia simulada): la inteligencia basada en computadora está cambiando las reacciones a los fiascos al anticipar y planificar catástrofes, mejorar los esfuerzos de reacción y trabajar con las fuerzas del área local.

- Tecnologías de resiliencia: se están creando nuevas herramientas para hacer que las personas sean más resilientes a los desastres, como las herramientas de predicción de cortes de servicios públicos y el uso de las redes sociales para mapear con precisión los sitios de desastre. Además de ayudar inmediatamente después de un desastre, estas tecnologías también ayudan en la planificación de la recuperación y la resiliencia a largo plazo.

Capítulo 18: Asistentes personales y robots: redefiniendo la vida diaria con compañeros de IA

La asistencia personal está cambiando la forma en que las personas viven su vida diaria al incorporar robótica e inteligencia artificial (IA) de formas novedosas que aumentan la productividad, la facilidad de uso y el bienestar. La forma en que las personas interactúan con la tecnología y gestionan sus rutinas diarias está siendo redefinida por la tecnología robótica, que incluye asistentes virtuales, compañeros robóticos y cuidadores. Una de las principales aplicaciones de la robótica y la inteligencia artificial en la asistencia personal es la automatización del hogar inteligente, donde los dispositivos y sensores interconectados permiten un control y una gestión perfectos de las tareas y sistemas del hogar. En este capítulo, examinaremos la evolución de la robótica y la IA en la asistencia personal y su impacto en la redefinición de la vida diaria. El procesamiento del lenguaje natural y los algoritmos de inteligencia artificial (IA) hacen posible que los asistentes domésticos inteligentes respondan a comandos de voz, administren horarios y controlen dispositivos inteligentes como termostatos, luces, electrodomésticos y sistemas de seguridad.

Esto hace que las rutinas diarias sean más cómodas y eficientes. Además, los asistentes virtuales y las interfaces impulsadas por IA están revolucionando la forma en que las personas interactúan con la información y acceden a los servicios. Las aspiradoras robóticas, las cortadoras de césped y otros electrodomésticos autónomos automatizan las tareas del hogar, liberando tiempo y energía para otras actividades. Los comandos de lenguaje natural permiten a los usuarios acceder a información y servicios relevantes, administrar tareas y organizar sus horarios con la ayuda de asistentes virtuales como Siri, Alexa y Google Assistant, que brindan asistencia personalizada y recuperación de información. Además, la tecnología robótica se está incorporando a dispositivos portátiles y aparatos personales, proporcionando asistencia y apoyo personalizados a personas en diversos contextos. Además, se están implementando chatbots y agentes virtuales con tecnología de inteligencia artificial en el servicio al cliente, la atención médica y otros dominios para brindar asistencia y soporte personalizados a los usuarios, mejorando la accesibilidad y la eficiencia en la prestación de servicios. Los robots portátiles, como los exoesqueletos y las prótesis inteligentes, hacen que a las personas con discapacidades o problemas de movilidad les resulte más fácil y más independiente realizar las tareas diarias por sí mismas. Los robots personales y los compañeros con algoritmos de inteligencia artificial y capacidades de interacción social también brindan compañía, asistencia y apoyo emocional a quienes lo necesitan, abordando la soledad y el aislamiento social entre las personas mayores y discapacitadas. Sin embargo, aunque la robótica y la IA son muy prometedoras para mejorar la asistencia personal y la calidad de vida, también plantean importantes preocupaciones con respecto a la privacidad, la seguridad y el uso ético de la tecnología. Para garantizar que se salvaguarden los derechos e intereses de las personas, se deben considerar cuidadosamente las preocupaciones relacionadas con la privacidad de los datos, la vigilancia y la recopilación y el uso de información personal por parte de sistemas impulsados por IA. En conclusión, la robótica y la inteligencia artificial están redefiniendo la vida diaria con soluciones innovadoras de asistencia personal que ofrecen comodidad, eficiencia y apoyo en la gestión de las tareas y rutinas diarias. Estas soluciones son esenciales para promover el uso equitativo y ético de la IA en la asistencia personal. Además, son esenciales los esfuerzos para abordar los sesgos y las limitaciones de los algoritmos de IA, como la equidad, la transparencia y la rendición de cuentas. La forma en que las personas interactúan con la tecnología y llevan a cabo su vida diaria está siendo transformada por la tecnología robótica, que incluye robots portátiles, asistentes virtuales, domótica inteligente y compañeros personales. Los esfuerzos para promover la inclusión y la accesibilidad en el desarrollo y la implementación de la robótica y la inteligencia artificial en la asistencia personal son esenciales para garantizar que estas tecnologías beneficien a todas las personas, independientemente de su edad, capacidad o antecedentes.Sigamos comprometidos a promover el uso responsable y ético de la tecnología y a garantizar que las soluciones basadas en robótica contribuyan a mejorar el bienestar y la calidad de vida de todas las personas. La accesibilidad y usabilidad para personas con discapacidades o requisitos especiales se pueden mejorar mediante la creación de interfaces fáciles de usar, modelos de interacción intuitivos y funciones inclusivas que satisfagan una variedad de preferencias y requisitos. Además, es esencial abordar los desafíos regulatorios y políticos en la adopción y despliegue de la robótica y la IA en la asistencia personal para promover el uso responsable y ético de la tecnología. Además, es esencial abordar los desafíos regulatorios y políticos en la adopción y despliegue de la robótica y la inteligencia artificial en la asistencia personal. Para garantizar que se salvaguarden los derechos e intereses de las personas, los marcos regulatorios y las directrices que rigen el desarrollo, la implementación y el uso de sistemas impulsados por IA deben abordar consideraciones importantes como la privacidad, la seguridad, la transparencia y la responsabilidad. Además, los esfuerzos para promover la educación y la concientización sobre la robótica y la inteligencia artificial en la asistencia personal son esenciales para capacitar a las personas para que tomen decisiones informadas sobre la adopción y el uso de la tecnología. Además, los esfuerzos para promover la transparencia y la explicabilidad en los algoritmos de IA y los procesos de toma de decisiones son esenciales para generar confianza entre los usuarios y las partes interesadas. Los programas de educación y capacitación que enseñan a las personas cómo usar sistemas impulsados por IA de manera responsable y efectiva pueden aumentar la alfabetización digital y brindarles la capacidad de usar la tecnología para su crecimiento personal y profesional. Además, los esfuerzos para promover la colaboración interdisciplinaria y el intercambio de conocimientos entre las partes interesadas, incluidos investigadores, desarrolladores, formuladores de políticas y usuarios finales, son esenciales para impulsar la innovación y hacer avanzar el campo de la robótica y la inteligencia artificial en la asistencia personal. Además, los esfuerzos por crear conciencia sobre los posibles beneficios y riesgos de la robótica y la IA en la asistencia personal, así como sobre las mejores prácticas para un uso ético y responsable, pueden fomentar la toma de decisiones informadas y promover resultados positivos para los individuos y la sociedad. En conclusión, la robótica y la inteligencia artificial están remodelando la vida diaria con soluciones innovadoras de asistencia personal que ofrecen comodidad, eficiencia y apoyo en la gestión de tareas y rutinas diarias. Las partes interesadas pueden aprovechar diversas perspectivas y conocimientos para abordar desafíos complejos y desarrollar soluciones innovadoras que satisfagan las necesidades y preferencias de las personas en diversos contextos y entornos fomentando asociaciones y colaboración entre sectores y disciplinas. La forma en que las personas interactúan con la tecnología y llevan a cabo su vida diaria está siendo transformada por la tecnología robótica, que incluye robots portátiles, asistentes virtuales, domótica inteligente y compañeros personales.Mantengamos nuestro compromiso de promover el uso responsable y ético de la tecnología y garantizar que las soluciones basadas en robótica contribuyan a mejorar el bienestar y la calidad de vida de todas las personas mientras continuamos aprovechando el poder de la IA y la robótica en la asistencia personal.

Desde Cuidado Personal hasta Automatización del Hogar

Un campo en crecimiento que tiene como objetivo ayudar a las personas, especialmente a las personas mayores, en su vida cotidiana es el cuidado personal a través de la domótica y la robótica. Un resumen de cómo la robótica está transformando el cuidado personal y la domótica es el siguiente: Cuidado de las personas mayores: se están fabricando robots para ayudar a las personas mayores a vivir cómodamente en sus hogares. Pueden ayudar con actividades diarias como comer, bañarse, vestirse y desplazarse de un lugar a otro. Sistemas especializados: muchos de estos sistemas no son robots humanoides, sino máquinas especializadas diseñadas para hacer cosas específicas, como aspiradoras robóticas. Se pueden implementar de forma incremental y son más sencillos de diseñar e implementar. Asistencia física: algunos robots están diseñados para ayudar a las personas a sentarse y levantarse de sillas, camas y otros muebles, seguir recetas, doblar toallas y administrar medicamentos. Como resultado, se preserva la independencia y se reduce la necesidad de asistencia humana constante. Compromiso social y emocional: los robots también actúan como compañeros sociales para las personas mayores, involucrándolos social y emocionalmente para ayudarlos a manejar su deterioro cognitivo y frenarlo. Pueden brindar terapia y compañía a personas que se sienten solas o padecen afecciones relacionadas con la demencia2. Automatización en el cuidado domiciliario La automatización de procesos robóticos (RPA) emplea inteligencia artificial y aprendizaje automático para automatizar tareas repetitivas de cuidado domiciliario, lo que puede resultar ventajoso tanto para los pacientes como para los cuidadores.

> **Futuros desarrollos:** Con avances en vehículos autónomos y otras tecnologías que integrarán aún más la robótica en la asistencia personal y el cuidado del hogar, el campo está evolucionando rápidamente. La incorporación de la robótica a la atención domiciliaria no se trata sólo de comodidad; también se trata de mejorar la calidad de vida de quienes necesitan asistencia y permitirles vivir con mayor dignidad e independencia.

Capítulo 19: Investigación y desarrollo en robótica: obstáculos y oportunidades

La investigación y el desarrollo de la robótica están a la vanguardia de la innovación tecnológica y tienen un enorme potencial para resolver problemas difíciles y ampliar el conocimiento y las capacidades humanas. Sin embargo, la robótica presenta desafíos únicos que deben superarse para alcanzar su máximo potencial, además de las oportunidades de avance.

Uno de los principales desafíos en la investigación y el desarrollo de la robótica es lograr robustez y confiabilidad en los sistemas robóticos, particularmente en entornos dinámicos e impredecibles. En este capítulo, examinaremos los desafíos y oportunidades clave en la investigación y el desarrollo de la robótica, así como las estrategias para recorrer el camino hacia la innovación y el avance. Es esencial garantizar que los robots puedan operar de manera segura y efectiva en una variedad de condiciones cambiantes, ya que se utilizan cada vez más en aplicaciones del mundo real como la fabricación, la atención médica y la respuesta a desastres. Para mejorar la robustez y adaptabilidad de los sistemas robóticos, se requieren soluciones innovadoras en áreas como la percepción, el control y la planificación para abordar cuestiones como la incertidumbre de los sensores, la variabilidad ambiental y la complejidad del sistema. Además, la escalabilidad y la interoperabilidad plantean dificultades importantes en la investigación y el desarrollo de la robótica, particularmente a medida que la tecnología robótica se integra cada vez más en sistemas y redes complejos. Promover la escalabilidad y adaptabilidad en las aplicaciones robóticas requiere la creación de interfaces y componentes modulares y estandarizados que permitan que los sistemas robóticos se integren perfectamente con la infraestructura y las tecnologías existentes e interoperen entre sí. Para mejorar la coordinación y la cooperación entre agentes heterogéneos, es esencial abordar los problemas de interoperabilidad en sistemas de múltiples robots y la colaboración entre humanos y robots. Además, abordar las implicaciones éticas, legales y sociales es un obstáculo importante en la investigación y el desarrollo de la robótica, particularmente a medida que los robots se vuelven cada vez más autónomos y omnipresentes en la sociedad. Para garantizar que la tecnología robótica se desarrolle y utilice de manera ética, responsable y beneficiosa para la sociedad, es necesario considerar cuidadosamente las preocupaciones relativas a la seguridad, la privacidad, la responsabilidad y el impacto de la robótica en el empleo y la dinámica social. Además, fomentar la colaboración interdisciplinaria y la diversidad en la investigación y el desarrollo de la robótica es esencial para impulsar la innovación y abordar desafíos complejos desde múltiples perspectivas. Además, los esfuerzos para promover la transparencia, la rendición de cuentas y la participación pública en la investigación y el desarrollo de la robótica son esenciales para generar confianza entre las partes interesadas y garantizar que los beneficios de la tecnología robótica se distribuyan equitativamente. Es posible fomentar la creatividad, la polinización cruzada de ideas y enfoques holísticos para abordar los desafíos sociales con la tecnología robótica reuniendo a investigadores, ingenieros, formuladores de políticas, especialistas en ética, científicos sociales y otras partes interesadas de diversos orígenes y disciplinas. En conclusión, la investigación y el desarrollo de la robótica presentan enormes oportunidades para abordar desafíos complejos y promover el conocimiento y las capacidades humanas. Además,Los esfuerzos para promover la diversidad y la inclusión en la comunidad de la robótica, incluidas iniciativas para apoyar a grupos subrepresentados y fomentar entornos de investigación inclusivos, son esenciales para garantizar que la investigación y el desarrollo en robótica reflejen las diversas perspectivas y experiencias de la sociedad. Sin embargo, es necesario abordar obstáculos importantes como la solidez, la escalabilidad, la ética y la diversidad antes de que la robótica pueda alcanzar su máximo potencial. Podemos navegar el camino hacia la innovación y el avance en la investigación y el desarrollo de la robótica y desbloquear todo el potencial de la robótica para beneficiar a la sociedad adoptando la colaboración interdisciplinaria, fomentando la innovación y promoviendo el uso responsable y ético de la tecnología. Los esfuerzos para promover la educación y la capacitación en investigación y desarrollo de robótica son esenciales para nutrir a la próxima generación de investigadores y profesionales de la robótica. Podemos alentar a los estudiantes a seguir carreras en robótica y contribuir a los avances en el campo invirtiendo en programas educativos STEM (Ciencia, Tecnología, Ingeniería y Matemáticas), competencias de robótica y oportunidades de aprendizaje práctico. Además, fomentar la colaboración y el intercambio de conocimientos entre el mundo académico, la industria y el gobierno es esencial para impulsar la innovación y traducir los descubrimientos de la investigación en aplicaciones prácticas. Además, los esfuerzos para promover oportunidades de aprendizaje permanente y desarrollo profesional para los profesionales de la robótica pueden garantizar que se mantengan al tanto de los desarrollos más recientes y las tendencias emergentes en la investigación y la tecnología de la robótica. Las partes interesadas pueden utilizar experiencia, recursos e infraestructura complementarios para acelerar la innovación y abordar desafíos complejos de investigación y desarrollo en robótica mediante la formación de asociaciones y marcos de colaboración. Además, los esfuerzos para promover la ciencia abierta y el desarrollo de código abierto en la investigación y el desarrollo de robótica son esenciales para promover el intercambio de conocimientos y acelerar el progreso en este campo. Además, los esfuerzos por promover la transferencia de tecnología y la comercialización de la investigación en robótica pueden facilitar la traducción de los descubrimientos científicos en productos y servicios comercializables que beneficien a la sociedad e impulsen el crecimiento económico. Los investigadores pueden abordar eficazmente los principales desafíos en la investigación y el desarrollo de la robótica adoptando estándares abiertos, compartiendo datos, códigos y recursos, y fomentando la colaboración a través de fronteras institucionales y disciplinarias. Además, abordar las limitaciones de financiación y recursos es un desafío importante en la investigación y el desarrollo de robótica, especialmente para proyectos en etapa inicial y de alto riesgo. Además, los esfuerzos para promover la transparencia y la reproducibilidad en la investigación en robótica pueden mejorar la credibilidad y confiabilidad de los hallazgos de la investigación y facilitar que la comunidad investigadora en general replique y valide los resultados.Las partes interesadas pueden apoyar una cartera diversa de iniciativas de investigación en robótica y fomentar la innovación tanto en ciencia fundamental como en aplicaciones prácticas invirtiendo en investigación básica, investigación aplicada y desarrollo tecnológico en todo el proceso de innovación. En conclusión, la investigación y el desarrollo de la robótica ofrecen enormes oportunidades para abordar desafíos complejos y promover el conocimiento y las capacidades humanas. Además, los esfuerzos para promover asociaciones público-privadas, inversiones de capital de riesgo e iniciativas de financiación colectiva pueden aprovechar recursos y experiencia adicionales para respaldar los esfuerzos de investigación y desarrollo de robótica. Podemos navegar el camino hacia la innovación y el avance en la investigación y el desarrollo de la robótica abordando desafíos clave como la solidez, la escalabilidad, la ética y la diversidad, y adoptando la colaboración interdisciplinaria, la innovación y el uso responsable de la tecnología. Si trabajamos juntos, podemos desbloquear todo el potencial de la robótica para beneficiar a la sociedad y abordar los principales desafíos que enfrenta la humanidad en el siglo XXI.

Navegando por la frontera de la innovación en robótica

Un emocionante viaje hacia un campo que combina creatividad, ingeniería y resolución de problemas para crear máquinas inteligentes capaces de realizar una variedad de tareas es navegar por la frontera de la innovación en robótica. A medida que estas máquinas se integran más en nuestra vida cotidiana, la robótica es algo más que simple automatización; también implica colaboración, adaptabilidad y consideraciones éticas. Las siguientes son algunas innovaciones significativas en robótica: Una visión general del pasado: El campo de la robótica ha progresado desde los primeros autómatas hasta las máquinas sofisticadas de hoy, con hitos importantes como el desarrollo de la inteligencia artificial y los primeros robots industriales. Hecho versus realidad: en la película india "2.0", el personaje de Chitti ejemplifica los objetivos de la robótica y cómo esas representaciones inspiran el progreso en el mundo real. Aplicaciones en la industria: La robótica mejora la eficiencia, la precisión y la seguridad en tareas que antes eran difíciles o arriesgadas, transformando las industrias. Inteligencia artificial y robótica: la combinación de robótica e inteligencia artificial está abriendo nuevos ámbitos de aprendizaje y adaptabilidad y ampliando los límites de la autonomía y la toma de decisiones. Robótica de bricolaje: existe una comunidad próspera para la robótica de bricolaje y los kits de robótica fomentan una cultura de creatividad y educación entre los entusiastas.

Desafíos y ética: La importancia del desarrollo responsable se enfatiza por las dificultades que trae consigo el rápido desarrollo, como el desplazamiento laboral y las preocupaciones sobre la privacidad. Tendencias emergentes: el futuro dinámico que nos espera en este campo incluye tendencias emergentes como la robótica blanda y la robótica de enjambre. El campo de la robótica está preparado para una expansión y transformación sin precedentes a medida que entramos en una nueva era, expandiéndonos a nuestros hogares, hospitales e incluso el espacio exterior. Es un campo que, con estos devotos compañeros mecánicos, parece que dará forma a nuestro futuro. Acepte el viaje hacia la innovación, donde los humanos y las máquinas coexisten, y supere los límites de lo que alguna vez se pensó que era imposible.

Capítulo 20: El futuro de la robótica: predecir tendencias y diseñar el mundo del mañana

El futuro de la robótica es muy prometedor para dar forma al mundo del mañana a medida que nos acercamos a una nueva era marcada por el avance tecnológico y la innovación. Para dirigir la toma de decisiones estratégicas y prepararse para las oportunidades y desafíos que se avecinan, es esencial anticipar las tendencias emergentes y comprender el impacto potencial de la robótica en la sociedad, la economía y la cultura.

La convergencia de la robótica con otras tecnologías emergentes, como la inteligencia artificial, el aprendizaje automático y el Internet de las cosas (IoT), es una de las tendencias clave que configuran el futuro de la robótica. En este capítulo final, exploraremos el futuro de la robótica e imaginaremos la evolución de la tecnología y su impacto transformador en nuestras vidas y el mundo que nos rodea. Podemos anticipar una nueva generación de robots inteligentes y autónomos que pueden aprender, adaptarse y colaborar en entornos complejos y dinámicos a medida que la tecnología robótica se integra cada vez más con algoritmos de inteligencia artificial, análisis de datos y sensores y dispositivos conectados. La atención médica, el transporte, la manufactura y el entretenimiento son solo algunas de las industrias que se beneficiarán de esta convergencia de tecnologías, que también remodelará la forma en que vivimos, trabajamos e interactuamos con la tecnología. Además, la democratización y descentralización de la tecnología robótica, que hará posible que una gama más amplia de personas participe en la investigación y el desarrollo de la robótica, define el futuro de la robótica. El software y hardware de código abierto, la fabricación distribuida y las plataformas para la innovación colaborativa están democratizando el acceso a la tecnología robótica y brindando a las personas y comunidades la capacidad de diseñar, construir e implementar sus propios sistemas robóticos para una amplia gama de usos. El surgimiento de robots social y emocionalmente inteligentes que pueden interactuar con los humanos de una manera significativa y empática también dará forma al futuro de la robótica. Esta democratización de la tecnología robótica impulsará la innovación, el espíritu empresarial y la creatividad de base. También abordará las diversas necesidades y preferencias de la sociedad. Existe una demanda creciente de robots que puedan comprender y responder a las emociones, intenciones y señales sociales humanas a medida que los robots se integran cada vez más en diversas facetas de la vida diaria, como el compañerismo, la educación, el cuidado y el entretenimiento. La informática afectiva, la robótica social y la interacción entre humanos y robots han hecho posible que los robots perciban e interpreten las emociones humanas, demuestren empatía y compasión y adapten su comportamiento a los contextos sociales. Como resultado, las interacciones entre humanos y robots son cada vez más profundas y significativas. Además, a medida que los robots se vuelven cada vez más autónomos y arraigados en la sociedad, el futuro de la robótica se caracteriza por la creciente importancia del uso ético y responsable de la tecnología. Para garantizar que la tecnología robótica se desarrolle y utilice de manera ética, equitativa y beneficiosa para la sociedad, es necesario considerar cuidadosamente las preocupaciones relacionadas con la seguridad, la privacidad, la transparencia, la responsabilidad y el impacto de la robótica en el empleo y la dinámica social. En conclusión, el futuro de la robótica encierra inmensas promesas para dar forma al mundo del mañana y promover el progreso y el bienestar humanos. Además, los esfuerzos por promover la diversidad, la inclusión,y la justicia social en la investigación y el desarrollo de la robótica son esenciales para garantizar que la tecnología robótica refleje las diversas perspectivas y experiencias de la sociedad y aborde las necesidades y preferencias de todos los individuos.

Podemos aprovechar el poder transformador de la robótica para abordar desafíos importantes, fomentar la innovación y crear un futuro más equitativo y sostenible para todos anticipando las tendencias emergentes, comprendiendo el impacto potencial de la robótica en la sociedad y guiando la toma de decisiones estratégicas. Embarquémonos juntos en este viaje hacia la robótica del futuro, dando forma a un mundo en el que los robots y los humanos coexistan armoniosamente, enriqueciendo nuestras vidas y promoviendo nuestros objetivos compartidos de progreso y prosperidad. Serán necesarios esfuerzos para promover la colaboración interdisciplinaria y el intercambio de conocimientos para impulsar la innovación y abordar los complejos desafíos de la robótica en el futuro. Las partes interesadas pueden desarrollar soluciones holísticas a los desafíos sociales y promover el uso responsable y ético de la tecnología robótica fomentando asociaciones y colaboración entre disciplinas como ingeniería, informática, neurociencia, psicología, sociología y ética. Además, los esfuerzos para promover la educación en robótica y el desarrollo de la fuerza laboral serán cruciales para preparar a la próxima generación de investigadores, ingenieros y profesionales de la robótica. Además, los esfuerzos para involucrar y empoderar a diversas partes interesadas, como formuladores de políticas, líderes industriales, académicos y organizaciones de la sociedad civil, en los procesos de diálogo y toma de decisiones son esenciales para garantizar que los beneficios de la tecnología robótica se distribuyan de manera justa y que los riesgos y los desafíos se gestionan eficazmente. Las partes interesadas pueden alentar a los estudiantes a seguir carreras en robótica y contribuir a los avances en el campo invirtiendo en programas educativos STEM, competencias de robótica y experiencias de aprendizaje práctico. Además, los esfuerzos para abordar los desafíos regulatorios y políticos en el futuro de la robótica serán esenciales para promover el uso responsable y ético de la tecnología y garantizar que la tecnología robótica beneficie a la sociedad en su conjunto. Además, los esfuerzos para promover el aprendizaje permanente y las oportunidades de desarrollo profesional para los profesionales de la robótica pueden garantizar que se mantengan al tanto de los desarrollos más recientes y las tendencias emergentes en la investigación y la tecnología de la robótica. Para garantizar que la tecnología robótica se desarrolle y utilice de manera moral, equitativa y beneficiosa para la sociedad, los marcos regulatorios y las pautas que rigen el desarrollo, implementación y uso de la tecnología robótica deben abordar aspectos importantes como la seguridad, la privacidad y la transparencia. , la rendición de cuentas y el impacto social.

Además, Los esfuerzos por promover la participación global y los esfuerzos coordinados en la administración de la tecnología mecánica y el establecimiento de pautas pueden ayudar a combinar pautas y promover estándares mundiales para la utilización consciente y moral de la tecnología mecánica. Al final, el destino de la tecnología mecánica implica un compromiso colosal para moldear el futuro. escenario próximo e impulsar el avance humano y la prosperidad. Podemos aprovechar el poder transformador de la robótica para abordar desafíos importantes, fomentar la innovación y crear un futuro más equitativo y sostenible para todos anticipando las tendencias emergentes, comprendiendo el impacto potencial de la robótica en la sociedad y guiando la toma de decisiones estratégicas. Embarquémonos juntos en este viaje hacia la robótica del futuro, dando forma a un mundo en el que los robots y los humanos coexistan armoniosamente, enriqueciendo nuestras vidas y promoviendo nuestros objetivos comunes de progreso y prosperidad. Serán necesarios esfuerzos para aumentar la conciencia pública y la participación en la robótica del futuro para generar apoyo e impulso para las iniciativas de investigación y desarrollo de robótica. Es posible aumentar la conciencia pública sobre el impacto transformador de la robótica en la sociedad e inspirar el interés y la participación del público a través de campañas de divulgación y educación que resaltan los beneficios potenciales de la tecnología robótica, muestran aplicaciones innovadoras y abordan conceptos erróneos y preocupaciones comunes. Además, los esfuerzos por promover la educación computarizada y la capacidad mecánica entre diferentes grupos pueden involucrar a las personas en el uso de la innovación de la tecnología mecánica para el desarrollo individual y experto, fomentando una cultura de avance y espíritu empresarial. Además, los esfuerzos por abordar las dificultades culturales y promover mejoras manejables a través de la innovación de la tecnología mecánica. Será fundamental para garantizar que esos propulsores mecánicos avanzados contribuyan a la prosperidad y la prosperidad de las personas actuales y futuras. Las partes interesadas pueden centrarse en abordar desafíos globales apremiantes como la pobreza, la desigualdad, el cambio climático y la degradación ambiental alineando los esfuerzos de investigación y desarrollo en robótica con los Objetivos de Desarrollo Sostenible (ODS) de las Naciones Unidas. La tecnología robótica se puede utilizar como herramienta para generar un impacto social y ambiental positivo. Además, abordar los prejuicios, promover la diversidad y la inclusión y mitigar las consecuencias no deseadas son esenciales para garantizar que los avances de la robótica contribuyan a la construcción de una sociedad más justa, equitativa y sostenible. mundo. Además, para maximizar los beneficios de la tecnología robótica y abordar los desafíos globales, serán esenciales los esfuerzos para promover la cooperación y colaboración internacionales en el futuro de la robótica. Las partes interesadas pueden utilizar conocimientos, recursos y conocimientos complementarios.e infraestructura para acelerar la investigación y el desarrollo de la robótica y abordar eficazmente los desafíos compartidos fomentando asociaciones e intercambio de conocimientos entre naciones y regiones. En conclusión, el futuro de la robótica encierra enormes promesas para dar forma al mundo del mañana y promover el progreso y el bienestar humanos. Además, los esfuerzos por promover la transferencia de tecnología y la creación de capacidad en los países y regiones en desarrollo pueden garantizar que la tecnología robótica sea accesible y asequible para todos. Podemos aprovechar el poder transformador de la robótica para abordar grandes desafíos, fomentar la innovación y crear un futuro más equitativo y sostenible para todos promoviendo el desarrollo sostenible, abordando los desafíos sociales, fomentando la cooperación internacional y fomentando la conciencia y el compromiso públicos. Aprovechemos las oportunidades que tenemos por delante y trabajemos juntos para dar forma a un futuro en el que la tecnología robótica mejore nuestras vidas, fortalezca nuestras comunidades y avance nuestros objetivos comunes de progreso y prosperidad. Desarrollar una cultura de innovación y emprendimiento en robótica será esencial para impulsar el crecimiento económico y la prosperidad. Las partes interesadas pueden fomentar la inversión, crear empleos y abrir nuevas oportunidades para el desarrollo económico y la competitividad fomentando un ecosistema que apoye la investigación y el desarrollo, la transferencia de tecnología y la comercialización de innovaciones robóticas. Además, será esencial abordar los desafíos relacionados con la privacidad, la seguridad y el uso ético de la tecnología robótica para generar confianza entre las partes interesadas y garantizar que los avances en robótica se implementen de manera responsable y ética. Además, los esfuerzos para promover la colaboración entre el mundo académico, la industria y el gobierno, así como el apoyo a las nuevas empresas y las pequeñas empresas, pueden acelerar la traducción de la investigación en robótica a productos y servicios comercializables. Para garantizar que la tecnología robótica se desarrolle y utilice de una manera que respete los derechos individuales y promueva el bienestar social, los marcos regulatorios y las directrices que rigen el desarrollo y la implementación de la tecnología robótica deben abordar consideraciones importantes como la privacidad de los datos, la ciberseguridad y la transparencia algorítmica. . También necesitan promover principios como la justicia, la rendición de cuentas y la transparencia. Además, se debe dar prioridad a abordar las disparidades en el acceso a la tecnología y las oportunidades de la robótica para garantizar que los beneficios de los avances de la robótica se distribuyan equitativamente y que nadie se quede atrás. Además, los esfuerzos para promover el diálogo público y el compromiso sobre las implicaciones éticas y sociales de la tecnología robótica pueden fomentar una comprensión compartida de los riesgos y oportunidades asociados con los avances de la robótica. Se puede empoderar a las personas para que participen en la revolución de la robótica y contribuyan a dar forma a su futuro participando en iniciativas que promuevan la inclusión digital.cerrar la brecha digital y brindar a los grupos subrepresentados y a las comunidades marginadas acceso a educación y capacitación en tecnología robótica. Además, es esencial abordar los prejuicios y las barreras a la participación en la investigación y el desarrollo de la robótica, así como la diversidad y la inclusión en la fuerza laboral, para que la investigación y el desarrollo de la robótica reflejen las diversas perspectivas y experiencias de la sociedad y maximicen el talento y la creatividad. En conclusión, hay muchas esperanzas para el futuro de la robótica en términos de impulsar la innovación, la expansión económica y el progreso social. Podemos aprovechar el poder transformador de la robótica para crear un futuro mejor para todos fomentando una cultura de innovación y emprendimiento, abordando cuestiones éticas y sociales y promoviendo la inclusión y la diversidad en la investigación y el desarrollo de la robótica. Aprovechemos las oportunidades que tenemos por delante y colaboremos para dar forma a un futuro en el que la tecnología robótica mejore nuestras vidas, fortalezca nuestras comunidades y avance nuestros objetivos compartidos de progreso y prosperidad. Aprovechemos también las oportunidades que tenemos por delante.

Visualizando la próxima era de la integración de la robótica

Se espera que los avances significativos en inteligencia artificial, aprendizaje automático y automatización caractericen la era posterior de la integración de la robótica como una era transformadora. Las siguientes son algunas predicciones y tendencias clave que se anticipa que darán forma al panorama de la robótica en el futuro: Inteligencia artificial y aprendizaje automático más inteligentes: los robots se volverán más inteligentes y podrán aprender de los datos y adaptarse a nuevas situaciones. Percepciones sensoriales mejoradas: los robots con sensores avanzados podrán interactuar con su entorno con mayor profundidad. Interacción fluida entre humanos y robots: a medida que la robótica se arraigue más en la vida cotidiana, el mundo estará más interconectado. democratización de la robótica: a medida que bajen los costos, la tecnología robótica será más asequible para los hogares, las pequeñas empresas y las instituciones educativas. Consideraciones éticas y laborales: Para garantizar una coexistencia armoniosa entre humanos y robots, serán necesarios cambios en la educación, el desarrollo de habilidades y las políticas sociales a medida que avance la robótica. Estos desarrollos no sólo mejorarán las capacidades de la robótica actualmente en uso, sino que también introducirán aplicaciones y soluciones novedosas en una variedad de industrias, incluidas la atención médica y la manufactura. De hecho, es un viaje apasionante para anticipar y prepararse para el futuro de la robótica.

Gracias

www.ingramcontent.com/pod-product-compliance
Lightning Source LLC
Chambersburg PA
CBHW050051230526
45470CB00004B/1484